电 路 实 验

主　编　余佩琼

副主编　吴丽丽　尹　姝

参　编　孙惠英　李志中

北京理工大学出版社
BEIJING INSTITUTE OF TECHNOLOGY PRESS

内 容 简 介

本书分为5章：第1章为电路实验基础知识，介绍了实验测量及误差分析方法；第2章为基本电路实验，给出了13个实际操作实验；第3章为Multisim 14仿真实验，重点介绍了Multisim 14仿真分析方法及仿真案例，并给出了6个仿真设计实例；第4章为综合设计性实验，给出了4个综合设计实验；第5章为实验报告，安排了6个基础实验报告，便于学生在实验前预习，在实验后撰写总结报告。

本书既可作为高等学校电气信息类专业、计算机类专业电路课程的实验教学用书，也可供有关工程技术人员参考。

图书在版编目（C I P）数据

电路实验 / 余佩琼主编. --北京:北京理工大学出版社，2023.9

ISBN 978-7-5763-2922-3

Ⅰ.①电… Ⅱ.①余… Ⅲ.①电路-实验-高等学校-教材 Ⅳ.①TM13-33

中国国家版本馆 CIP 数据核字（2023）第 177905 号

责任编辑： 江　立		**文案编辑：** 李　硕	
责任校对： 刘亚男		**责任印制：** 李志强	

出版发行 / 北京理工大学出版社有限责任公司

社　　址 / 北京市丰台区四合庄路6号

邮　　编 / 100070

电　　话 / （010）68914026（教材售后服务热线）

　　　　　　（010）68944437（课件资源服务热线）

网　　址 / http://www.bitpress.com.cn

版 印 次 / 2023 年 9 月第 1 版第 1 次印刷

印　　刷 / 涿州市新华印刷有限公司

开　　本 / 787 mm×1092 mm　1/16

印　　张 / 11.25

字　　数 / 261 千字

定　　价 / 82.00 元

前 言

"电路实验"是电气信息类专业的第一门重要的基础实践课程,与之对应的理论课程为"电路原理"。电路实验是电路理论联系实际的重要手段。电路实验的动手实践,对学生进行实验技能的训练,帮助学生形成理论联系实际的工程观点,树立严肃认真的科学作风;同时可以帮助学生加深对电路的基本理论知识和分析方法的理解,掌握科学实践技能,培养学生的自主学习能力、独立解决工程问题的研究能力和创新意识。

本书以培养和提升学生实践能力、自主学习能力和创新能力,形成实事求是和科学严谨的态度为目标,强调理论与实践应用的有机结合,内容涵盖基础实验、仿真实验和综合设计性实验项目。本书从基础实验入手,递进式地引入仿真分析实验、综合设计性实验,实验任务难度由小到大,循序渐进地培养学生的实践能力。本书共 5 章:第 1 章介绍了实验测量及误差分析方法;第 2 章编排了 13 个基础实验,从分立元件的视角对各基础实验内容进行介绍;第 3 章引入 Multisim 14 仿真软件,结合仿真案例和 6 个仿真实验内容,阐述了 Multisim 14 在电路分析中的应用;第 4 章设计了 4 个综合设计性实验,为拓展性实验内容,通过完成设计实验任务,达到帮助学生拓展知识,提高学生的自主学习能力和实践能力的目的,为后续更深入的电路分析与设计打下基础;第 5 章安排了 6 个基础实验报告,提供科学的实验报告格式,以达到实验报告效率和质量的统一。本书努力将知识传授、能力培养和素质教育融为一体,激发学生的创新意识,提升学生的实践能力。

本书的内容通俗易懂、简明扼要。教师在使用本书时,可根据教学对象和课时的不同要求,选择性地安排实验项目和相应的实验任务,本书的参考课时为 16～24 课时。为了帮助教师使用本书进行教学工作,也便于学生自学,编者准备了教学辅导资源,包括各实验的电子课件、仿真实例的仿真文件等,有需要的读者可从北京理工大学出版社有限公司网站的下载区下载。

本书由余佩琼担任主编,并负责统稿。吴丽丽编写了第 4 章;尹姝参与编写了第 2 章第2.7～2.11 节;孙惠英编写了第 2 章 2.12～2.13 节;李志中参与编写了第 3 章第 3.1～3.2 节;其余章节由余佩琼编写。另外还要感谢北京理工大学出版社编辑的悉心策划和指导。

由于编者水平有限,书中难免存在疏漏和不足之处,恳请读者批评指正,以便于对本书进行修改和完善。如有问题,可以通过 E-mail:ypq@ zjut.edu.cn 与编者联系。

编　者
2023 年 8 月

目　录

第1章

电路实验基础知识

1.1 测量误差

实验中通常需要测量一系列的物理量。在一定时间、空间条件下，这些被测量的真实值被称为真值，是客观存在的确定数值。测量值和真值往往不完全符合，两者的差异程度用测量误差来表示。测量误差与所用的测量设备和测量方法有关，正确使用测量设备、选用合适的测量方法，以及正确处理测试的数据，就可以获得非常准确的测量结果。反之，测量误差就会加大，甚至获得错误的测量结果。

1.1.1 误差定义

1. 绝对误差

被测量的给出值 A_x 与真值 A_0 之间的差值被称为绝对误差 Δx。Δx 可表示为

$$\Delta x = A_x - A_0 \tag{1-1-1}$$

被测量的给出值 A_x 可以是仪器的示值或量具的标称值。真值 A_0 虽然是客观存在的，但一般无法确切测得，通常只能尽量逼近它。所以，在实际测量中常用高两级及以上的标准仪器或计量器具作为标准，用测得的值 A 代表真值 A_0，A 被称为被测量的实际值。由此可得到绝对误差 Δx 的实际计算公式为

$$\Delta x = A_x - A \tag{1-1-2}$$

除上述绝对误差 Δx 外，在实际测量中还常用到修正值 α 这一概念，它与绝对误差的数值相等、符号相反。修正值 α 的计算公式为

$$\alpha = -\Delta x = A - A_x \tag{1-1-3}$$

在某些高准确度的仪器仪表中，常用表格、曲线或公式的形式给出修正值。因此，当知道了测得值及相应的修正值 α 以后，即可求出被测量的实际值 A：

$$A = A_x + \alpha \tag{1-1-4}$$

在某些自动测量仪器中，修正值可以编成程序，预先存储在仪器中。这样在测量时，仪

器就可以对测量结果进行自动校正。

2. 相对误差

绝对误差的表示方法有其局限性，因为它不能确切反映测量结果的准确程度。例如，测量 100 A 电流时，绝对误差为 2 A；测量 2 A 电流时，绝对误差为 0.1 A。从绝对值来衡量，前者的误差大，后者的误差小，但绝不能由此得出后者的测量准确程度更高的结论。由此，又引出了相对误差（又称误差率）的概念。相对误差 γ 可表示为

$$\gamma = \frac{\Delta x}{A} \times 100\% \tag{1-1-5}$$

在误差的实际计算中，常用被测量的给出值 A_x 代替实际值 A，从而得到相对误差的近似公式：

$$\gamma \approx \frac{\Delta x}{A_x} \times 100\% \tag{1-1-6}$$

相对误差是有大小和方向但无量纲的量，它能确切反映测量的准确程度，因此在实际测量中，一般用相对误差来评价测量结果。

例 1-1-1 用电流表测量 100 A 电流时，绝对误差为 2 A；测量 2 A 电流时，绝对误差为 0.1 A。求测量结果表明的示值相对误差。

解： 由式（1-1-6）求得测量 100 A 电流时，相对误差为

$$\gamma_1 \approx \frac{2}{100} \times 100\% = 2\%$$

测量 2 A 电流时，相对误差为

$$\gamma_2 \approx \frac{0.1}{2} \times 100\% = 5\%$$

显然，测量 100 A 电流时的准确度更高。

3. 引用误差

引用误差是一种实用的简化后的相对误差，常在多挡和连续刻度的仪器仪表中应用。这类仪器仪表可测范围不是一个点，而是一个量程。这时若按式（1-1-5）或式（1-1-6）计算，由于分母的改变，故计算起来很烦琐。为了便于计算和划分准确度等级，通常取该类仪器仪表量程中的测量上限（即满刻度值）作为分母。由此引出引用误差 γ_n 的定义

$$\gamma_n = \frac{\Delta x_{max}}{A_m} \times 100\% \tag{1-1-7}$$

式中，A_m 为仪器仪表的量程（即标尺刻度的最大值）；Δx_{max} 为仪器仪表读数的最大绝对误差。

电工仪器仪表准确度等级通常分为 0.1、0.2、0.5、1.0、1.5、2.5 和 5.0 这 7 个等级。若某仪器仪表的准确度等级为 S 级，则用该仪器仪表测量的绝对误差一定满足下式：

$$\Delta x \leqslant A_m \cdot S\% \tag{1-1-8}$$

测量的相对误差 γ 满足下式：

$$\gamma \leqslant \frac{A_m \cdot S\%}{A_x} \tag{1-1-9}$$

由式(1-1-9)可知，当仪器仪表的等级 S 选定后，被测量的给出值 A_x 越接近仪器仪表量程 A_m，则相对误差就越小。故在测量中，应合理选择仪器仪表的量程，使指针工作在满刻度的 2/3 以上的区域比较合理。

1.1.2 测量误差的分类

根据测量误差的性质和特点，可将其分为系统误差、随机误差和疏忽误差这 3 类。

1. 系统误差

在相同条件下多次测量同一个量时，误差的绝对值和符号应保持不变，当条件改变时，按某种确定规律变化的误差被称为系统误差。例如，因标准器量值的不准确、仪器示值的不准确而引起的误差。

在一次测量中，如果系统误差很小，那么测量结果可以是相当准确的。测量的准确度用系统误差来表征，系统误差越小，则测量的准确度就越高。若存在着某项系统误差而人们却不知道，则是危险的，因为不一定能通过对测量数据的统计处理来发现它是否存在。在系统误差中，最难被发现的是系统恒差，即当实验条件变化时，测量结果仍保持恒定的系统误差，这时仅凭数据的统计处理是既不能发现也不能消除系统恒差的。

2. 随机误差

随机误差又称偶然误差。在相同的测量条件下，对同一个量重复进行多次测量时，随机误差的绝对值和符号会随机发生变化，其值时大时小，其符号时正时负，没有确定的变化规律，也不能事先预定，但是具有抵偿性。

随机误差是由测量环境中电磁场的微变、热起伏、空气扰动、大地微震、测量人员感觉器官的各种无规律的微小变化等多种因素综合影响而造成的。因此，在测量过程中，尽管测量条件看似"不变"，若仔细地进行多次重复测量，就能发现各次测量结果不完全一样，这就是由于随机误差造成的。随机误差只有在大量、重复的精密测量中才能被发现，它是按统计学规律分布的。通过对测量数据进行统计处理，可以减小随机误差，但不能用实验的方法加以消除。

随机误差决定了测量的精密度。随机误差越小，测量结果的精密度就越高。在电路实验中，由于测量装置没有足够的灵敏度，一般不易发现随机误差。

3. 疏忽误差

疏忽误差指因测量中不应有的错误而造成的误差，又称粗大误差，如由读错、记错、误操作或不正确的测量方法等造成的误差。含有疏忽误差的测量结果被称为坏值，应予以剔除。

1.1.3 误差的来源

1. 基本误差

基本误差是由测量设备本身的缺陷、测量仪器不准等引起的误差。例如，比较法中由于零位仪器的灵敏度不够而产生的误差就是基本误差。

2. 附加误差

附加误差是因测量仪器仪表放置和使用不当，或者测量环境的变化等原因而造成的误差。例如，电表零点不准引起的误差，以及测量环境的温度、湿度、电源电压、频率等的变化所带来的误差，就是附加误差。

3. 方法误差

方法误差也称理论误差，是因测量时使用的方法不完善、所依据的理论不严密，或者采用了某些近似公式等原因而造成的误差。例如，用图 1-1-1 所示的电路测量电阻元件的电压和电流，测量结果就存在方法误差。在图 1-1-1(a)中，电流表测出的电流除通过电阻的电流外，还包含通过电压表的电流。在图 1-1-1(b)中，电压表测出的电压除电阻两端的电压外，还包含电流表两端的电压。只有当图 1-1-1(a)中电压表的内阻远大于电阻 R，或者当图 1-1-1(b)中电流表的内阻远小于电阻 R 时，方法误差比较小，可以忽略。

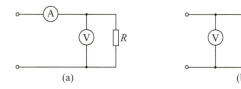

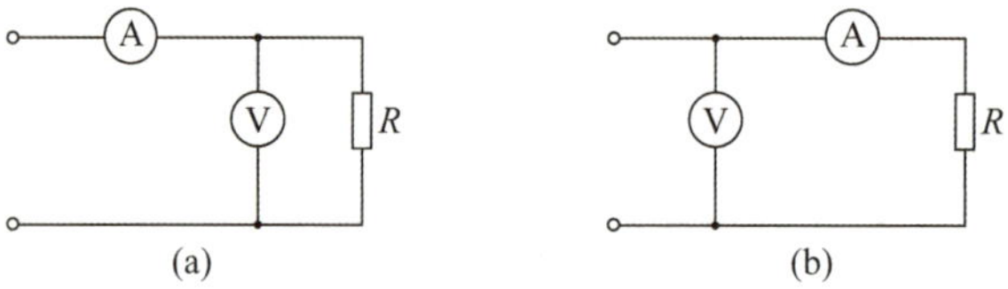

(a)   (b)

图 1-1-1　测量电阻元件的电压和电流的电路

(a)电压表接在电阻两端；(b)电压表接在电流表及电阻两端

4. 个人误差

个人误差是因测量人员的感觉器官不完善或不正确的测量习惯而导致的误差。例如，用耳机来判断交流电桥是否达到平衡状态，由于人耳最小分辨能力的限制，可能在电桥还没有完全平衡时，就误认为已经平衡，从而造成测量误差。

1.1.4　系统误差的计算 ≫

在电路与电磁场实验中，由于所用仪器仪表和度量器的灵敏度比较低，这时主要考虑系统误差，随机误差相对来说很小，可以忽略。

1. 直接测量中的系统误差

在直接测量中，主要是仪器仪表本身的基本误差造成测量结果的系统误差。测量结果的绝对误差为

$$\Delta x = A_{\mathrm{m}} \cdot S\% \qquad\qquad (1\text{-}1\text{-}10)$$

式中，S 为仪器仪表的准确度等级；A_{m} 为仪器仪表的量程。

测量结果的相对误差为

$$\frac{\Delta x}{A_x} = \frac{A_{\mathrm{m}} \cdot S\%}{A_x} \qquad\qquad (1\text{-}1\text{-}11)$$

式中，A_x 为被测量的给出值，即仪器仪表读数。

2. 间接测量中的系统误差

在间接测量中，如果一个未知量 A_x 与某几个量（A_1，A_2，A_3，$\cdots$，A_n）之间有确切的函数关系，设为

$$A_x = f(A_1，A_2，A_3，\cdots，A_n) \tag{1-1-12}$$

那么通过直接测量 A_1、A_2、A_3、$\cdots$、A_n 的值，再按式（1-1-12）求出未知量 A_x 的测量方法叫间接测量。将上式按泰勒级数展开，并略去高阶导数，间接测量结果 A_x 的绝对误差为

$$\Delta x = \frac{\partial f}{\partial A_1}\Delta_1 + \frac{\partial f}{\partial A_2}\Delta_2 + \cdots + \frac{\partial f}{\partial A_n}\Delta_n \tag{1-1-13}$$

而 A_x 的相对误差为

$$\frac{\Delta x}{A_x} = \frac{\partial f}{\partial A_1}\frac{\Delta_1}{A_x} + \frac{\partial f}{\partial A_2}\frac{\Delta_2}{A_x} + \cdots + \frac{\partial f}{\partial A_n}\frac{\Delta_n}{A_x} \tag{1-1-14}$$

式中，Δ_1、Δ_2、$\cdots$、Δ_n 分别代表 A_1、A_2、$\cdots$、A_n 各测量值的绝对误差，其值可正可负。按最不利情况考虑时，A_x 的相对误差应取绝对值之和，故

$$\frac{\Delta x}{A_x} = \pm \left[\left| \frac{\partial f}{\partial A_1}\frac{\Delta_1}{A_x} \right| + \left| \frac{\partial f}{\partial A_2}\frac{\Delta_2}{A_x} \right| + \cdots + \left| \frac{\partial f}{\partial A_n}\frac{\Delta_n}{A_x} \right| \right] \tag{1-1-15}$$

设被测量值 A_x 与直接测量结果 A_1、A_2 的函数关系为 $A_x = A_1 \pm A_2$，由于 $\frac{\partial f}{\partial A_1} = \frac{\partial f}{\partial A_2} = 1$，故被测量值 A_x 的相对误差为

$$\frac{\Delta x}{A_x} = \pm \frac{|\Delta_1| + |\Delta_2|}{A_1 \pm A_2} \tag{1-1-16}$$

由式（1-1-16）可以看出，当 $A_x = A_1 - A_2$ 且 A_1 与 A_2 的值很接近时，将出现很大的间接测量误差，故在间接测量中应当尽量避免求两个读数差的计算。

1.1.5 系统误差的消除方法

产生系统误差的原因多种多样，消除系统误差只能针对具体的测量目标来实现。应首先分析产生系统误差的可能原因，再考虑在测量过程中采取什么措施以消除或减小系统误差。下面介绍一些消除系统误差的常用方法。

1. 消除产生系统误差的来源

消除产生系统误差的来源是消除或减弱系统误差的最有效方法。它要求实验者对整个测量过程要有一个全面仔细的分析，弄清楚可能产生系统误差的各种因素，然后在测量前从根源上加以消除。现举几个实例来说明。

（1）为了防止产生调整误差，测量前要正确调整好仪器仪表，如仪器仪表的零位、检流计的水平位置等。

（2）为了防止仪器仪表之间的相互干扰，要合理布置仪器仪表的安放位置。

（3）为了避免周围电磁场及有害震动的影响，必要时可采用屏蔽或减震措施。

（4）为了避免仪器仪表使用不当，在使用前要查阅有关技术资料，以保证仪器仪表在规

定的正常条件下工作，如使用频率范围、电源电压波形、接地方法等。

（5）为了减小因测试人员主观因素造成的系统误差，除注意提高每个测试人员的素质以外，还可以改善设备条件，如使用数字式仪器一般可避免测试者的读数误差。

2. 用修正方法消除系统误差

（1）由仪器仪表基本误差所引起的系统误差，可引入修正值加以消除。仪器仪表的修正值是用更高准确度等级的仪器仪表和度量器，通过检定和校准获得的。在某些准确度较高的仪器仪表中，常附有用曲线或表格形式给出的修正值。

（2）由测量方法所引起的系统误差，可以通过理论计算或实验方法确定它的大小和符号，取其反号值作为修正值加在相应的测量结果上，可消除测量方法引起的系统误差。

（3）由测量环境的条件变化，如温度、湿度、频率、电源电压等所引起的系统误差，也可以通过实验方法和理论计算作出修正值曲线或表格，在测量时根据具体的环境条件，对测量数据引入修正值。

3. 应用测量技术消除系统误差

（1）替代法（置换法）。

替代法是在测量条件不变的情况下，用一个数值已知且可调的标准量来代替被测量，并调节标准量，使仪器的示值不变。这时被测量就等于标准量的数值。由于在两次测量过程中仪表仪器的状态和示值都不变，所以以由仪器仪表所引起的定值系统误差将被消除。

例如，用替代法在电桥上测量电阻，如图 1-1-2 所示。测量时，先将开关 S 接在位置 a，使被测电阻 R_x 接入电桥，调节桥臂 R，使电桥平衡，得到被测电阻阻值为

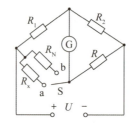

图 1-1-2 替代法测电阻

$$R_x = \frac{R_1}{R_2}R \tag{1-1-17}$$

然后将开关 S 接在位置 b，使可变的标准电阻 R_N 接入电桥，保持桥臂 R_1、R_2 和 R 的参数不变，调节 R_N 的大小，使电桥平衡，这时有

$$R_N = \frac{R_1}{R_2}R \tag{1-1-18}$$

考虑到电桥参数 R_1、R_2 和 R 在两次测量时是相同的，所以

$$R_x = R_N \tag{1-1-19}$$

由于上式不包含桥臂参数，从而消除了由它们引起的误差。这时测量误差主要取决于标准电阻 R_N 的准确程度。

（2）零示法。

零示法是在测量中使被测量与标准量达到相互平衡，以使指示仪器仪表示零的一种比较测量法。这种测量方法可以消除指示仪器仪表不准所造成的系统误差。

例如，图1-1-3所示电路是用零示法测量电压的实例。图中，E_N 是标准电池，R_1 与 R_2 组成标准可调分压器，G 是检流计，测量时改变 R_1 与 R_2 的分压比，当标准电压 U_N 与被测电压 U_x 平衡时，检流计 G 将示零。这时，被测量电压的值为

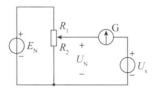

图 1-1-3　零示法测电压

$$U_x = U_N = \frac{R_2}{R_1 + R_2} E_N \qquad (1-1-20)$$

在测量过程中，检流计只用来判断有无电流，不用来测量电流，故检流计的准确度对测量结果没有影响。这时，测量误差主要取决于检流计的灵敏度、标准电池和标准分压器的准确度。

（3）微差法。

使用零示法测电压时需要连续可调的标准电压，这在实际测量中不一定能实现。这时只要求标准量与被测量相差微小，那么它们的相互抵消作用也会减弱指示仪器仪表的误差对测量结果的影响。

设被测量为 A_x，标准量为 B_N，被测量与标准量的微差 δ 为

$$\delta = A_x - B_N \qquad (1-1-21)$$

式中，δ 的数值可由指示仪器仪表读出。根据上式，被测量 A_x 的绝对误差 ΔA_x 为

$$\Delta A_x = \Delta B_N + \delta \qquad (1-1-22)$$

被测量 A_x 的相对误差为

$$\frac{\Delta A_x}{A_x} = \frac{\Delta B_N}{A_x} + \frac{\Delta \delta}{A_x} = \frac{\Delta B_N}{B_N + \delta} + \frac{\delta}{A_x} \frac{\Delta \delta}{\delta} \qquad (1-1-23)$$

根据微差法，A_x 与 B_N 在数值上非常接近，所以 $\delta \ll B_N$，$\delta \ll A_x$，由此可得测量误差为

$$\frac{\Delta A_x}{A_x} \approx \frac{\Delta B_N}{B_N} + \frac{\delta}{A_x} \frac{\Delta \delta}{\delta} \qquad (1-1-24)$$

由式（1-1-24）可见，由于 $\delta \ll A_x$，指示仪器仪表的基本误差 $\Delta \delta / \delta$ 对测量结果的影响被大大削弱，故微差法的测量误差主要取决于标准量的相对误差，而这个值一般是很小的。

（4）换位抵消法。

换位抵消法又称对照法，这种方法利用交换被测量系统中元件的位置或测量方向，使产生系统误差的原因以相反的方向影响测量结果，从而消除系统误差。

例如，用一个等比电桥（$R_1 : R_2 = 1 : 1$）测量电阻 R_x，如图1-1-4所示。先按图1-1-4(a)的接法，调节可变标准电阻 R_N 至 R_N'，若电桥平衡，则

$$R_x = \frac{R_1}{R_2} R'_N \qquad (1-1-25)$$

然后将 R_x 与 R_N 换位，按图 1-1-4(b)的接法。若 R_1 与 R_2 因存在误差而不相等，则在换位后的图 1-1-4(b)中的电桥将不平衡，这时可调 R_N 至 R''_N，使电桥恢复平衡，于是

$$R_x = \frac{R_2}{R_1} R''_N \qquad (1-1-26)$$

将式(1-1-25)与式(1-1-26)两式相乘，得

$$R_x = \sqrt{R'_N \cdot R''_N} \qquad (1-1-27)$$

由式(1-1-27)可见，R_x 的测量值与桥臂电阻 R_1 与 R_2 的误差无关，它只取决于标准电阻 R_N 的误差。

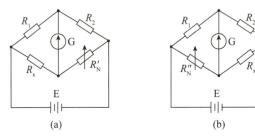

图 1-1-4　等比电桥测量电阻

(5)正负误差补偿法。

在不同的实验条件下，对同一个被测量进行两次测量，使其中一次测量的误差为正，另一次测量的误差为负，取这两次测量数据的平均值作为测量结果，可消除系统误差。

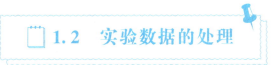

1.2　实验数据的处理

1.2.1　有效数字

1. 有效数字的概念和表示

实验中记录的测量数据应满足测量精度的要求。由若干位可靠数字和一位可疑数字组成的数据被称为有效数字。例如，电压的测量结果为 1.034 V，该结果由 4 位有效数字组成。当不加注明时，应理解为：其中前 3 位有效数字是准确的，最后一位有效数字"4"是靠估计读出的，称之为欠准数字。

(1)电表读数有效数字位数的确定。

在电气测量中，由于误差的存在，以及仪器仪表分辨力的限制，在读取数据和处理数据的过程中不可避免地会涉及如何确定有效数字的位数，以及对多余有效数字的正确舍入

问题。

在测量中，取读数时只能取一位估计数，多取是无效的。决定有效数字位数的标准是误差，并非写的位数越多越好，多写位数就夸大了测量准确度，少写位数将带来附加误差。

应注意的是，数据中小数点的位置并不是决定准确度的标准，小数点的位置只与所用单位的大小有关，例如 1.44 mV 与 0.00144 V 的准确度完全一样。

（2）测量结果及其误差的有效数字位数的确定。

当同时给出测量结果和误差时，二者的欠准数字位数必须相同。例如，某电压的测量结果应表示成：112.46 V ± 0.03 V。

（3）有效数字位数的确定。

①数据应当用数量级（10^n）表示。例如，某电压为 103.1 V，当用 mV 作单位时，写成 103100 mV 是不正确的，因为 103100 mV 写法表示不可靠程度为±1 mV，而所给电压的不可靠程度为±0.1 V，所以正确写法应为 1.031×10^5 mV。为统一起见，把 103.1 V 写成 1.031×10^2 V 较好。

②关于数据中的数字"0"的处理。数据左边的"0"不能算作有效数字，如 0.05040 V 左边两个"0"不是有效数字，该数据有 4 位有效数字，当换成 mV 单位时，写成 50.40 mV，前面的"0"就消失了。

③非零数字之间的"0"是有效数字。例如，300.6 mA 中的两个"0"是有效数字，此数据共有 4 位有效数字。数据末尾的数字"0"是否为有效数字，需依据是否保留末位一个欠准数字而定。如 21000 Ω，此表示法比较含混，后面 3 个"0"无法知道是否为有效数字。为明确起见，通常采用"10^n"来表示，如将上例写为 2.100×10^4 Ω，则表示有效数字是 4 位。

2. 数据的修约规则

在确定了一个数据的有效数字位数后，其尾部多余的数字应按一定的规则加以修约。在修约时，不采用传统的"四舍五入"方法，因为对数字"5"只入不舍是不合理的。修约时所遵循的规则要点如下。

①若拟舍去的数据最左边一位小于 5，则予以舍去；若大于 5，则将保留的最末一位数字加一。例如，欲将 12.34 取为 3 位有效数字，修约结果为 12.3。又如，欲将 37.36 修约到只保留一位小数，修约结果为 37.4。

②若拟舍去的数据中的最高位置为 5，当欲保留的最末一位为奇数时，5 入，即将此末位数加一；若末位数为偶数时，则 5 舍，即末位数保持不变。例如，将 12.35 和 12.65 修约到只保留一位小数，修约后的结果分别为 12.4 和 12.6。

上述的规则可概括为"小于 5 舍，大于 5 入，等于 5 时采用偶数法则"。

当舍入次数足够多时，奇数与偶数的出现概率是相同的，所以舍和入的概率也是相同的。每个数据经舍入后，末位必定是欠准数字，末位前面的是准确数字。其舍入误差不会大于末位单位的一半，这个"一半"即该数据的最大舍入误差。上面所举的实例中，其舍入误差小于 0.05，因此称为"0.5 误差原则"。

3. 有效数字的运算法则

为了避免修约误差的积累，保证数据处理结果的准确度，在对数据进行算术运算时，需要遵循如下法则。

（1）加减运算。

几个数据进行加减运算时，有效数字的位数以各数中小数点后位数最少的那个为准，其他各数均舍入至比该数多保留一位小数。进行加减计算后，计算结果所保留小数点后的位数，则应与原各数中小数点后位数最少的那个数相同。

例 1-2-1　计算 18.56+0.00632+1.531。

解：根据上述原则，应取 18.56 作为运算的有效数字位数的标准，故做修约处理后的算式及计算结果为

$$18.56+0.006+1.531=20.097$$

将计算结果修约到小数点后两位，则结果为 20.10。

例 1-2-2　计算 14.533-11.31。

解：做修约处理后的算式及计算结果为

$$14.533-11.31=3.223$$

计算结果应保留 2 位小数，故应取为 3.22。

（2）乘除运算。

几个数进行乘除运算时，其有效数字的位数以各数中位数最少的那个数为准，其他各数均修约到比该数多保留一位有效数字。对修约后的各数进行乘除运算，计算结果有效数字位数与有效数字位数最少的那个数相同。若有效数字位数最少的数据中的第一位为"8"或"9"，则计算结果有效数字的位数可比它多取一位。

例 1-2-3　计算 0.0212×21.43×1.04628÷1.812。

解：做修约处理后的算式及计算结果为

$$0.0212×21.43×1.046÷1.812=0.262$$

计算结果取 3 位有效数字，与 0.0212 的有效数字位数相同。

（3）乘方或开方运算。

乘方或开方运算中，所得结果的有效数字的位数可比原数多一位。

例 1-2-4　$276^2=76176=7618×10^1$。

例 1-2-5　$\sqrt{875}=29.58$。

1.2.2　测量数据的记取

1. 数字式仪器仪表读数的记取

从数字式仪器仪表上可直接读出被测量的量值，使用读出值即可作为测量结果予以记录，无须再经过换算。需要注意的是，对数字式仪器仪表而言，在使用不同的量程时，测量值的有效数字位数不同，若测量时量程选择不当，则会丢失有效数字。例如，用某数字电压表测量 1.872 V 的电压，在使用不同的量程时的显示值如表 1-2-1 所示。由此可见，在使用不同的量程时，测量值的有效数字位数不同，量程不当将损失有效数字。在此例中只有选择"2 V"量程才是恰当的。实际测量时，一般是使被测量值小于但接近所选择的量程，而不可选择过大的量程。

表 1-2-1　数字式仪器仪表的有效数字

量程	2 V	20 V	200 V
显示值	1.872	1.87	1.8
有效数字位数	4	3	2

2. 指针式仪器仪表测量数据的记取

直接读取的指针式仪器仪表常制成多量程，又共用一个刻度尺。因此，仪器仪表的示值（指仪器仪表的读数对应的被测量的测量值）与指针所指格数有如下的换算关系：

$$X = C_{\mathrm{X}} \cdot \alpha = \frac{X_{\mathrm{m}}}{\alpha_{\mathrm{m}}} \cdot \alpha \tag{1-2-1}$$

式中，X 为仪器仪表示值；C_{X} 为仪器仪表常数，也被称为分格常数，表示仪器仪表的刻度尺每分格所代表被测量的大小，由所选择的仪器仪表量程 X_{m} 除以满刻度格数 α_{m} 得出。

可以看出，对于同一仪器仪表，选择的量程不同，则分格常数也不同。数字式仪器仪表也有仪器仪表常数的概念，它是指数字式仪器仪表每个字所代表的被测量的大小。

应注意的是，示值有效数字的位数应与读数的有效数字位数一致。

1.2.3　测量数据的整理 》》

在实验中所记录的原始测量数据通常还需加以整理，以便进一步分析，做出合理的评估，给出切合实际的结论。

1. 数据的排列

为了分析计算的便利，通常将原始测量数据按一定的顺序排列。若记录下的数据未按期望的次序排列，则应予以整理，譬如将原始测量数据按从小到大或从大到小的顺序进行排列。当数据量较大时，这种排序工作最好交由计算机完成。

2. 坏值的剔除

在原始测量数据中，有时会出现偏差较大的值，这种数据被称为离群值。离群值可分为两类：一类是因为疏忽误差而产生，因为疏忽误差过大而超过了给定的误差界限，这类数据为异常值，属于坏值，应予以剔除；另一类是因为随机误差较大而产生，超过规定的误差界限，这类测量值属于极值，应予以保留。需要说明的是，若确知测量值为疏忽误差，则即便其偏差不大，未超过误差界限，也必须予以剔除。

在很多情况下，仅凭直观判断，通常难以对疏忽误差和正常分布的较大的随机误差进行区分，这时可采用统计检验的方法来判别测量数据中的异常数据。

3. 数据的补充

在测量数据的处理过程中，有时会遇到缺损的数据，或者需要知道测量范围内未测出的中间数值，这时可采用插值法（也称为内插法）计算出这些数据。常用的插值法有线性插值法、一元拉格朗日插值法和牛顿插值法等。

（1）线性插值法。

设被测量为 x 和 y，若变量 x 和 y 之间为线性函数关系，可采用线性插值法。其做法是：有两对已知值 (x_i, y_i)（$i = 1, 2$），求出它们所决定的直线方程欲插入的 x 值对应的 y 值，计

算公式为

$$y = y_1 + \frac{y_2 - y_1}{x_2 - x_1}(x - x_1) \tag{1-2-2}$$

（2）一元拉格朗日插值法。

当函数 $y(x)$ 的 x_i、y_i 值（$i = 0, 1, 2, \cdots, n$）已知，而 x_i 值不等距，需求 x 值对应的 y 值时，可用一元拉格朗日插值法，公式为

$$y(x) = \sum_{j=0}^{n} \prod_{n} y_i \frac{x - x_i}{x_j - x_i} \tag{1-2-3}$$

（3）牛顿插值法。

当函数 $y(x)$ 的 x_i、y_i 值（$i = 0, 1, 2, \cdots, n$）已知，且相邻的 x_i 值等距（即增量为恒定），需求与 x_i 对应的 y_i 值时，最好用牛顿插值法。牛顿插值法包括前插公式和后插公式，可参阅有关文献，这里不再介绍。

1.3　曲线拟合

在对多个电量进行测试时，常需要明确这几个电量（变量）间的函数关系。在获取若干组自变量和因变量的实验数据后，可用回归分析法进行曲线拟合，以确定变量间函数关系的形式及有关参数的大小。当自变量分别为一个和两个时，求解的是一元回归方程和二元回归方程。这里只介绍一元回归方程的求法。

1.3.1　一元线性回归

当自变量 x 和因变量 y 都只有一个，且根据测量数据在直角坐标系中作图所得的轨迹呈直线状态时，便可按一元线性回归来处理数据。一元线性回归方程的表达式为

$$y = a + bx \tag{1-3-1}$$

决定上式中常数 a 和 b 的方法有两种：图解法和最小二乘法。

1. 图解法

若根据实验数据作出的曲线呈现直线状态，可在直线上任取两点 $Q_1(x_1, y_1)$ 和 $Q_2(x_2, y_2)$，将这两点的数据代入式（1-3-1），解得

$$a = \frac{x_1 y_2 - x_2 y_1}{x_1 - x_2}, \ b = \frac{y_1 - y_2}{x_1 - x_2} \tag{1-3-2}$$

2. 最小二乘法

最小二乘法是曲线拟合的一种基本方法，虽然计算过程较为烦琐，但能获得较好的拟合结果，而且特别适合在计算机上应用。设需拟合的线性回归方程为 $y = a + bx$，则应用该方法的计算公式为

$$a = \frac{\sum\limits_{i=1}^{n} y_i \sum\limits_{i=1}^{n} x_i^2 - (\sum\limits_{i=1}^{n} x_i y_i) \sum\limits_{i=1}^{n} x_i}{n \sum\limits_{i=1}^{n} x_i^2 - (\sum\limits_{i=1}^{n} x_i)^2}, \quad b = \frac{n \sum\limits_{i=1}^{n} x_i y_i - \sum\limits_{i=1}^{n} x_i \sum\limits_{i=1}^{n} y_i}{n \sum\limits_{i=1}^{n} x_i^2 - (\sum\limits_{i=1}^{n} x_i)^2} \qquad (1-3-3)$$

式中，n 为测试数据 (x_i, y_i) 的点数。

1.3.2　一元非线性回归

若被测量中自变量 x 和因变量 y 的各测试点 (x_i, y_i) 在直角坐标系中的轨迹不为直线，就需按一元非线性回归来处理，常用的一种方法是典型曲线方程法。

1. 常见的典型曲线

工程上常见的一些典型曲线如图 1-3-1 所示。

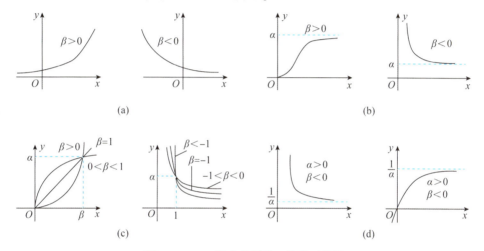

图 1-3-1　工程上常见的一些典型曲线

2. 典型曲线方程法的步骤

（1）根据原始测量数据，在直角坐标系中描点并连成曲线。

（2）将所得曲线与典型曲线对比，确定拟合曲线函数的形式。

（3）为简化计算过程，将需拟合的非线性函数进行变量代换，使之转化为一元线性函数 $y' = a + x'$。一些典型非线性函数与一元线性函数的变量转换关系如表 1-3-1 所示。

（4）按一元线性回归方程的拟合方法求出常数 a 和 b。

（5）根据变量转换关系得到所需的非线性函数表达式。

表 1-3-1　典型非线性函数与一元线性函数的变量转换关系

非线性函数	一元线性函数	变量转换关系
指数函数	$y = \alpha e^{\beta x}$	$x' = x,\ y' = \ln y,\ a = \ln \alpha,\ b = \ln \beta$
负指数函数	$y = \alpha e^{\beta/x}$	$x' = \dfrac{1}{x},\ y' = \ln y,\ a = \ln \alpha,\ b = \ln \beta$
幂函数	$y = \alpha x^{\beta}$	$x' = \ln x,\ y' = \ln y,\ a = \ln \alpha,\ b = \ln \beta$
双曲线函数	$\dfrac{1}{y} = \alpha + \dfrac{\beta}{x}$	$x' = \dfrac{1}{x},\ y' = \dfrac{1}{y},\ a = \alpha,\ b = \beta$

1.4 减小仪器仪表测量误差的方法

为了准确地测量电路中实际的电压和电流，必须保证仪器仪表接入电路后，不会改变被测电路的工作状态，这就要求电压表的内阻为无穷大，电流表的内阻为零。而实际使用的电工仪器仪表都不能满足上述要求。因此，测量仪器仪表一旦接入电路，就会改变电路原有的工作状态，这就导致仪器仪表的读数值与电路原有的实际值之间出现误差，这种测量误差值的大小与仪器仪表本身内阻值的大小密切相关。

1.4.1 仪器仪表内阻引入的测量误差

1. 电流表内阻的测量方法

测量电流表的内阻可采用分流法，如图 1-4-1 所示。A 为被测直流电流表，其内阻为 R_A，R_1 为固定电阻器，R_B 为可调电阻箱。测量时先断开开关 S，调节直流恒流源的输出电流 I_S，使 A 表指针满偏转，然后合上开关 S，并保持 I_S 值不变，调节电阻箱 R_B 的阻值，使电流表的指针指在 1/2 满偏转位置，此时有

$$I_A = I = I_S/2 \tag{1-4-1}$$

$$R_A = R_B /\!/ R_1 \tag{1-4-2}$$

若 R_1 选用小阻值电阻，R_B 选用较大电阻，则阻值调节可比单只电阻箱更为细微、平滑。

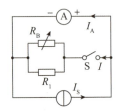

图 1-4-1 分流法测量电流表内阻

2. 电压表内阻的测量方法

测量电压表的内阻可采用分压法，如图 1-4-2 所示。V 为被测电压表，其内阻为 R_V，R_1 为固定电阻器，R_B 为可调电阻。

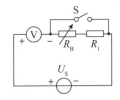

图 1-4-2 分压法测量电路

测量时先将开关S闭合，调节直流稳压电源U_S的输出电压，使电压表V的指针为满偏转。然后断开开关S，调节R_B阻值，使电压表V的指示值减半，则

$$R_V = R_B + R_1 \tag{1-4-3}$$

电压表的灵敏度为

$$\eta = R_V/U_S(\Omega/V) \tag{1-4-4}$$

由仪表内阻引入的测量误差通常被称为方法误差，而由仪表本身构造引起的误差又被称为仪表基本误差。

示例电路如图1-4-3所示，R_1上的电压为

$$U_{R1} = \frac{R_1 U_S}{R_1 + R_2} \tag{1-4-5}$$

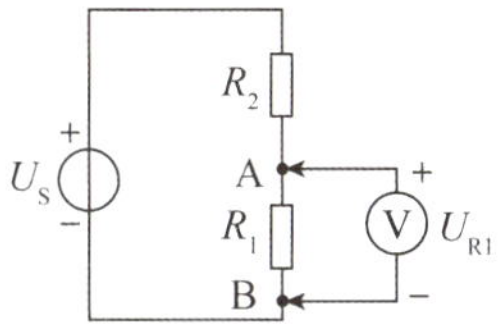

图 1-4-3　示例电路

若$R_1 = R_2$，则$U_{R1} = \dfrac{1}{2}U_S$。

现用一内阻为R_V的电压表来测量U_{R1}的值。当电压表与R_1并联时，并联电阻为

$$R_{AB} = \frac{R_V + R_1}{R_V R_1} \tag{1-4-6}$$

以R_{AB}替代式(1-4-5)中的R_1，得

$$U'_{R1} = \frac{\dfrac{R_V R_1}{R_V + R_1}}{\dfrac{R_V R_1}{R_V + R_1} + R_2} U_S \tag{1-4-7}$$

绝对误差为

$$\Delta U = U'_{R1} - U_{R1} = \left(\frac{\dfrac{R_V R_1}{R_V + R_1}}{\dfrac{R_V R_1}{R_V + R_1} + R_2} - \frac{R_1}{R_1 + R_2} \right) U_S \tag{1-4-8}$$

$$= \frac{R_1^2 R_2}{R_V(R_1^2 + 2R_1 R_2 + R_2^2) + R_1 R_2(R_1 + R_2)} U_S$$

若$R_1 = R_2 = R_V$，则$\Delta U = -\dfrac{U_S}{6}$。

相对误差为

$$\Delta U\% = \frac{\Delta U}{U_{R1}} \cdot 100\% = \frac{-U_S/6}{U_S/2} \cdot 100\% \approx 33.3\% \tag{1-4-9}$$

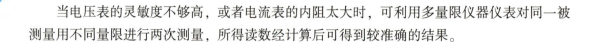

当电压表的灵敏度不够高，或者电流表的内阻太大时，可利用多量限仪器仪表对同一被测量用不同量限进行两次测量，所得读数经计算后可得到较准确的结果。

1.4.2　减小仪器仪表内阻引入的测量误差的方法

1. 不同量限两次测量计算法

测量具有较大内阻的电压源开路电压时，如果所用电压表的内阻与电压源的内阻相差不大，将会产生很大的测量误差。电压测量电路如图 1-4-4 所示，被测电压源的开路电压为 E，内阻为 R_0。设电压表有两挡量限，U_1、U_2 分别为在这两个不同量限下测得的电压源开路电压值，令 R_{V1} 和 R_{V2} 分别为电压表两个相应量限的内阻，则可得出

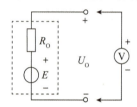

图 1-4-4　电压测量电路

$$U_1 = \frac{R_{V1}}{R_0 + R_{V1}} \cdot E \tag{1-4-10}$$

$$U_2 = \frac{R_{V2}}{R_0 + R_{V2}} \cdot E \tag{1-4-11}$$

由式(1-4-10)可得

$$R_0 = \frac{R_{V1} \cdot E}{U_1} - R_{V1} = R_{V1}\left(\frac{E}{U_1} - 1\right) \tag{1-4-12}$$

将式(1-4-12)代入式(1-4-11)，可得

$$E = \frac{U_2(R_0 + R_{V2})}{R_{V2}} = \frac{U_2\left(\dfrac{R_{V1}E}{U_1} - R_{V1} + R_{V2}\right)}{R_{V2}} \tag{1-4-13}$$

解得

$$E = \frac{U_1 U_2 (R_{V2} - R_{V1})}{U_1 R_{V2} - U_2 R_{V1}} \tag{1-4-14}$$

由式(1-4-14)可知，不论电源内阻 R_0 相对电压表的内阻 R_V 有多大，通过上述两次测量，经计算后，可较准确地得出开路电压的大小。

对于内阻较大的电流表，也可用类似的方法测得较准确的结果。电流测量电路如图 1-4-5 所示，被测电压源的开路电压为 E，内阻为 R_0。不接入电流表 A 时，电路的电流为 $I = E/R_0$。当接入内阻为 R_A 的电流表 A 时，电路中的电流变为 $I' = E/(R_0 + R_A)$。若 $R_A = R_0$，则 $I' = I/2$。测量结果出现很大的误差。

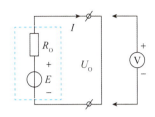

图 1-4-5　电流测量电路

如果用有不同内阻的两挡量限的电流表进行两次测量，并经简单的计算，就可得到较准确的电流值。设 R_{A1} 和 R_{A2} 分别为电流表两挡相应量限的内阻，I_1、I_2 分别为该电路在两个不同量限下测得的电流，则有

$$I_1 = \frac{E}{R_O + R_{A1}} \tag{1-4-15}$$

$$I_2 = \frac{E}{R_O + R_{A2}} \tag{1-4-16}$$

由式（1-4-15）可得

$$R_O = \frac{E}{I_1} - R_{A1} \tag{1-4-17}$$

将式（1-4-17）代入式（1-4-16），可得

$$E = \frac{I_1 I_2 (R_{A2} - R_{A1})}{I_1 - I_2} \tag{1-4-18}$$

将式（1-4-18）代入式（1-4-16），可得

$$R_O = \frac{I_2 R_{A2} - I_1 R_{A1}}{I_1 - I_2} \tag{1-4-19}$$

由式（1-4-18）及式（1-4-19），可得

$$I = \frac{E}{R_O} = \frac{I_1 I_2 (R_{A2} - R_{A1})}{I_2 R_{A2} - I_1 R_{A1}} \tag{1-4-20}$$

2. 同一量限两次测量计算法

如果电压表（或电流表）只有一挡量限，且电压表的内阻较小（或电流表的内阻较大）时，可用同一量限进行两次测量以减小测量误差。其中，第一次测量与一般的测量并无两样，只是在进行第二次测量时，必须在电路中串入一个已知阻值的附加电阻。

测量图 1-4-6 所示电压测量电路的开路电压 U_O。设电压表的内阻为 R_V，R 为第二次测量时串接的一个已知阻值的电阻，U_1 和 U_2 分别为两次电压测量的结果，则有

$$U_1 = \frac{R_V}{R_O + R_V} E \tag{1-4-21}$$

$$U_2 = \frac{R_V}{R_O + R_V + R} E \tag{1-4-22}$$

由式（1-4-21）和式（1-4-22）可得

$$E = U_O = \frac{R U_1 U_2}{R_V (U_1 - U_2)} \tag{1-4-23}$$

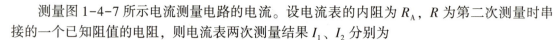

测量图 1-4-7 所示电流测量电路的电流。设电流表的内阻为 R_A，R 为第二次测量时串接的一个已知阻值的电阻，则电流表两次测量结果 I_1、I_2 分别为

$$I_1 = \frac{E}{R_O + R_A} \tag{1-4-24}$$

$$I_2 = \frac{E}{R_O + R_A + R} \tag{1-4-25}$$

由式(1-4-24)和式(1-4-25)可得

$$I = \frac{E}{R_O} = \frac{I_1 I_2 R}{I_2(R_A + R) - I_1 R_A} \tag{1-4-26}$$

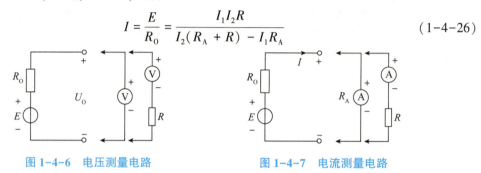

图 1-4-6　电压测量电路　　　图 1-4-7　电流测量电路

由上述分析可知，采用不同量限两次测量计算法或同一量限两次测量计算法，不管电表内阻如何，总是可以通过两次测量和计算得到比单次测量准确得多的结果。

1.5　功率的测量

1.5.1　间接测量

1. 直流功率的测量

直流功率 P 为电压 U 与电流 I 的乘积，可利用电压表和电流表间接测量，电路如图 1-5-1 所示。图 1-5-1(a) 和图 1-5-1(b) 的接法不同，其结果也略有差别。图 1-5-1(a) 中的电压表所测的是负载和电流表的电压之和，图 1-5-1(b) 中的电流表所测的是负载和电压表的电流之和。一般情况下，电流表的电压降很小，所以多用图 1-5-1(a) 的接法。在低压大电流电路中，电流表的电压降就比较显著，此时就要用图 1-5-1(b) 的接法。

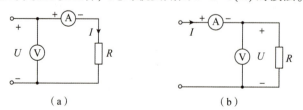

（a）　　　　　　　　　　　（b）

图 1-5-1　用电压表和电流表间接测量功率电路
(a)电流表内接；(b)电流表外接

2. 交流功率的测量

交流电路的功率一般分为有功功率 P、无功功率 Q 和视在功率 S。若电路中负载端电压的相量为 $\dot{U}$，电流相量为 $\dot{I}$（电压电流参考方向关联），且 $\dot{I}$ 滞后于 $\dot{U}$ 的相位角为 φ，则负载吸收的有功功率 P、无功功率 Q 及负载端的视在功率 S 分别为

$$P = UI\cos\varphi$$

$$Q = UI\sin\varphi$$

$$S = UI = \sqrt{P^2 + Q^2}$$

视在功率的测量仍可用图 1-5-1 所示的线路，只需将直流仪表改为交流仪表即可。但是不管用图 1-5-1(a) 的接法还是用图 1-5-1(b) 的接法，对于电流表或电压表影响的修正都比较麻烦。

1.5.2 直接测量

有功功率的测量常使用电动系或铁磁电动系功率表。功率表的接法也有两种，如图 1-5-2 所示。

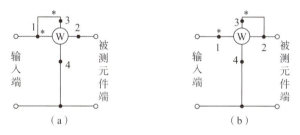

图 1-5-2 功率表的接法

(a) 电压线圈前接；(b) 电压线圈后接

功率表的读数包含电流线圈或电压线圈的损耗。在对测量准确度要求较高时，这些损耗应设法去除。在图 1-5-2 中，"1""2"表示功率表的电流端钮，"3""4"表示电压端钮，"*"号表示电压线圈和电流线圈的同名端。接线时，若电流从功率表电流线圈的"*"号端流进，则电压线圈的"*"号端钮接高电位。

对于高压大电流电路的功率测量，可借助电压互感器和电流互感器来扩大量限。高压大电流电路的功率测量线路图如图 1-5-3 所示，可见功率表经互感器接入，选用的电压互感器电压比为 K_U，电流互感器电流比为 K_I，功率表的读数为

$$P_2 = U_2 I_2 \cos\varphi = \frac{1}{K_U K_I} UI\cos\varphi = \frac{P}{K_P} \tag{1-5-1}$$

式中，$K_P = K_U K_I$，为功率变比。

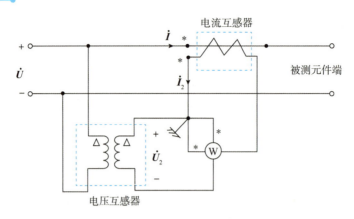

图 1-5-3　高压大电流电路的功率测量线路图

在考虑误差时，除要考虑功率表误差外，还要考虑电压互感器和电流互感器都存在变比误差和相对误差。

在测出有功功率 P 和视在功率 S 后，可计算无功功率 $Q = \pm\sqrt{S^2 - P^2}$。

也可用单相无功功率表直接测量交流电路的无功功率，其接线方式与测量有功功率时功率表的接线方式基本相同，只是电压线圈必须跨过电流线圈接入的那一相，接到另外两相上。

1.5.3　三相有功功率的测量

三相电路有三相三线制和三相四线制两种接线方式。一般说来，三相电网的电压是对称的，而负载可能对称，也可能不对称。若负载也对称，则叫作完全对称电路；若负载不对称，则叫作简单不对称电路。电压和负载都不对称的电路叫作复杂不对称电路。由于三相电路情况的不同，实用上形成了各种测量电路。

1. 三相四线制有功功率的测量

在三相四线制电路中，负载各相电压是独立的，与其他相的负载无关，所以可用功率表独立地测出各相负载所消耗的功率。三相四线制电路的功率测量图如图 1-5-4 所示。若电路是完全对称的，则只要用一个功率表测出一相的功率，三相总功率就等于一相功率的 3 倍；若电路是不对称的（包括复杂不对称电路），则也只要用 3 个功率表（或一个功率表测 3 次）分别测出各相功率，三相总功率则为 3 个功率表读数之和。这种测量方法同样适用于有中性点且中性点可接出的三相三线制负载功率的测量。

2. 三相三线制有功功率的测量

对于无中性点可接出的三相三线制电路，若电路是完全对称的，则可利用一个功率表和两个与功率表电压支路阻抗值相同的阻抗，将这两个阻抗和功率表的电压回路接成星形，形成一个人造中性点。三相三线制电路的功率测量图如图 1-5-5 所示。功率表读数的 3 倍即三相总功率。如果电源不完全对称，可将功率表电流线圈依次串于 A、B、C 线，两阻抗 Z_1、Z_2 的接点也随之做相应的改动，则三次测量之和为三相总功率。

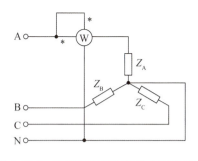

图 1-5-4 三相四线制电路的功率测量图

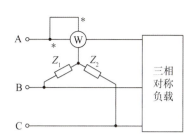

图 1-5-5 三相三线制电路的功率测量图

当电路不对称时，则将两个功率表按图 1-5-6 所示的 3 组接线法的任何一组接线进行测量。两功率表读数之和为三相电路总功率，这种测量线路被称为二瓦法。下面按功率表电流线圈串接 A 线和 B 线且负载为三角形接法的情况，来证明二瓦法的正确性。二瓦法测三角形负载的功率接线图如图 1-5-7 所示，各功率表读数 P_1、P_2 分别为

$$P_1 = \mathrm{Re}\,[\dot{U}_{AC}\dot{I}_A^*] \tag{1-5-2a}$$

$$P_2 = \mathrm{Re}\,[\dot{U}_{BC}\dot{I}_B^*] \tag{1-5-2b}$$

式中，Re[] 表示复数取实部的运算；$\dot{I}_A^*$、$\dot{I}_B^*$ 为 $\dot{I}_A$、$\dot{I}_B$ 的共轭相量。两功率表读数之和为

$$P_1 + P_2 = \mathrm{Re}\,[\dot{U}_{AC}\dot{I}_A^* + \dot{U}_{BC}\dot{I}_B^*] \tag{1-5-3}$$

根据基尔霍夫定律，有

$$\dot{U}_{AB} + \dot{U}_{BC} + \dot{U}_{CA} = 0 \tag{1-5-4a}$$

$$\dot{I}_A^* = \dot{I}_{AB}^* - \dot{I}_{CA}^* \tag{1-5-4b}$$

$$\dot{I}_B^* = \dot{I}_{BC}^* - \dot{I}_{AB}^* \tag{1-5-4c}$$

由式 (1-5-3) 和式 (1-5-4)，可得

$$
\begin{aligned}
P_1 + P_2 &= \mathrm{Re}\,[\dot{U}_{AC}(\dot{I}_{AB}^* - \dot{I}_{CA}^*) + \dot{U}_{BC}(\dot{I}_{BC}^* - \dot{I}_{AB}^*)] \\
&= \mathrm{Re}\,[-(\dot{U}_{CA} + \dot{U}_{BC})\dot{I}_{AB}^* + \dot{U}_{CA}\dot{I}_{CA}^* + \dot{U}_{BC}\dot{I}_{BC}^*] \\
&= \mathrm{Re}\,[\dot{U}_{AB}\dot{I}_{AB}^* + \dot{U}_{CA}\dot{I}_{CA}^* + \dot{U}_{BC}\dot{I}_{BC}^*]
\end{aligned} \tag{1-5-5}
$$

这样就得到了负载的三相总有功功率。不管三相电源三相负载是否对称，只要采用三相三线制，这一结果就是正确的。对于其他的两组接法或是星形负载的情况，感兴趣的读者可类似地给出证明。

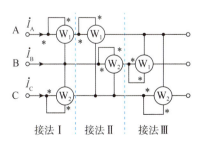

图 1-5-6 二瓦法测功率的 3 组接线法

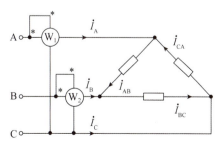

图 1-5-7 二瓦法测三角形负载的功率接线图

若需要测量三角形接法负载一相的功率，则功率表接线法如图 1-5-8 所示。该图是测 BC 相负载功率的接线，通过功率表的电流是 $\dot{I}_{BC}$，加在功率表两端的电压是 $\dot{U}_{BC}$。

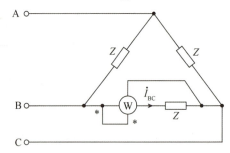

图 1-5-8　测量三角形接法负载一相的功率接线法

1.5.4　三相无功功率的测量

1. 三相对称电路无功功率的测量

三相对称电路的无功功率为

$$Q = \sqrt{3}\,U_1 I_1 \sin\varphi \tag{1-5-6}$$

式中，U_1 为线电压有效值；I_1 为线电流有效值；φ 为负载功率因数角。

一瓦跨相法测量对称三相负载无功功率示意图如图 1-5-9 所示。图 1-5-9（a）所示的一只功率表跨相 90°连接的线路可用来测量三相对称电路的无功功率。图中功率表读数为

$$P = \mathrm{Re}\left[\dot{U}_{BC}\dot{I}_A^{*}\right] = U_1 I_1 \cos(90° - \varphi) \tag{1-5-7}$$

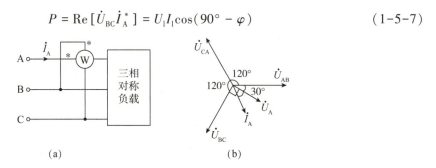

图 1-5-9　一瓦跨相法测量对称三相负载无功功率示意图
（a）功率表接线图；（b）相量图

设三相负载为星形接法，从图 1-5-9(b)所示的相量图可得 $\dot{U}_A$ 比 $\dot{U}_{BC}$ 超前 90°，即 $\dot{I}_A$ 与 $\dot{U}_{BC}$ 的相位差为 90°$-\varphi$，所以功率表读数为

$$P = U_1 I_1 \cos(90° - \varphi) = U_1 I_1 \sin\varphi \tag{1-5-8}$$

由式（1-5-6）可知，只要将功率表的读数乘以 $\sqrt{3}$，就得到三相无功功率。

对于三相对称电路的无功功率，也可用图 1-5-7 所示的二瓦法的两个功率表的读数之差乘以 $\sqrt{3}$ 得到。二瓦法测无功功率的相量图如图 1-5-10 所示。

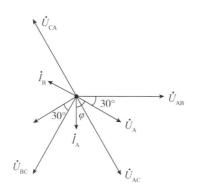

图 1-5-10　二瓦法测无功功率的相量图

设 $\dot{U}_{AB} = U_1 \angle 0°$，则可得

$\dot{I}_A = I_1 \angle (-30° - \varphi)$，$\dot{I}_B = I_1 \angle (-150° - \varphi)$，$\dot{U}_{AC} = U_1 \angle -60°$，$\dot{U}_{BC} = U_1 \angle -120°$

于是两功率表 W_1 及 W_2 的读数分别为

$$P_1 = \mathrm{Re}\left[\dot{U}_{AC}\dot{I}_A^*\right] = U_1 I_1 \cos(-60° + 30° + \varphi) = U_1 I_1 \cos(\varphi - 30°) \qquad (1-5-9)$$

$$P_2 = \mathrm{Re}\left[\dot{U}_{BC}\dot{I}_B^*\right] = U_1 I_1 \cos(-120° + 150° + \varphi) = U_1 I_1 \cos(\varphi + 30°) \qquad (1-5-10)$$

两功率表读数之和为

$$P_1 + P_2 = \sqrt{3}\, U_1 I_1 \cos\varphi \qquad (1-5-11)$$

等于三相对称负载总功率。

两功率表读数之差为

$$P_1 - P_2 = U_1 I_1 \sin\varphi \qquad (1-5-12)$$

等于三相对称负载无功功率的 $1/\sqrt{3}$。

综上所述，两功率表读数之和为三相对称负载有功功率，两功率表读数之差乘以 $\sqrt{3}$ 则为三相对称负载无功功率。必须注意的是，这种测无功功率的方法只在三相电路完全对称时才能用。

2. 简单三相不对称电路无功功率的测量

对于简单三相不对称(电源对称)电路的无功功率测量，可采用图 1-5-11 所示的三相三线制电路无功功率测量接线法。

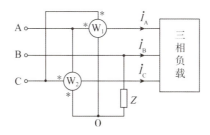

图 1-5-11　三相三线制电路无功功率测量接线法

图中的 W_1 和 W_2 是两个相同的功率表，它们的电压回路阻抗等于 Z。$\dot{U}_{AB}$、$\dot{U}_{BC}$、$\dot{U}_{CA}$ 为对

称三相线电压，O 点是 $\dot{U}_{AB}$、$\dot{U}_{BC}$、$\dot{U}_{CA}$ 电压三角形的中点，$\dot{U}_{AO}$、$\dot{U}_{BO}$、$\dot{U}_{CO}$ 是三相对称电压，满足以下关系

$$\left.\begin{array}{l} \dot{U}_{AO} = \dfrac{1}{\sqrt{3}}\dot{U}_{BC}\ \underline{/90°} \\[3mm] \dot{U}_{BO} = \dfrac{1}{\sqrt{3}}\dot{U}_{CA}\ \underline{/90°} \\[3mm] \dot{U}_{CO} = \dfrac{1}{\sqrt{3}}\dot{U}_{AB}\ \underline{/90°} \end{array}\right\} \qquad (1-5-13)$$

由于是三相三线制，根据基尔霍夫电流定律，可得

$$\dot{I}_A^* + \dot{I}_B^* + \dot{I}_C^* = 0 \qquad (1-5-14)$$

两只功率表读数之和为

$$\begin{aligned} P_1 + P_2 &= \mathrm{Re}\,[\,\dot{U}_{OC}\dot{I}_A^* + \dot{U}_{AO}\dot{I}_C^*\,] \\[2mm] &= \mathrm{Re}\left[\frac{1}{\sqrt{3}}\dot{U}_{AB}\dot{I}_A^*\ \underline{/-90°} + \frac{1}{\sqrt{3}}\dot{U}_{BC}\dot{I}_C^*\ \underline{/90°}\right] \\[2mm] &= \frac{1}{\sqrt{3}}\mathrm{Re}\,[\,(\dot{U}_{AO} - \dot{U}_{BO})\dot{I}_A^*\ \underline{/-90°} + (\dot{U}_{BO} - \dot{U}_{CO})\dot{I}_C^*\ \underline{/90°}\,] \\[2mm] &= \frac{1}{\sqrt{3}}(U_{AO}I_A\sin\varphi_A + U_{BO}I_B\sin\varphi_B + U_{CO}I_C\sin\varphi_C) \end{aligned} \qquad (1-5-15)$$

只要供电线电压是对称的三相三线制电路，图 1-5-11 中的两功率表读数之和再乘以 $\sqrt{3}$ 就是三相负载的总无功功率。

对于三相四线制的简单不对称电路，除可用无功功率表独立测出各相无功功率外，还可用三只功率表跨相 90° 连接法测三相总无功功率，功率表接线图如图 1-5-12(a) 所示。

当供电电压是三相对称时，有

$$\left.\begin{array}{l} \dot{U}_{BC} = \sqrt{3}\,\dot{U}_A\ \underline{/-90°} \\[2mm] \dot{U}_{CA} = \sqrt{3}\,\dot{U}_B\ \underline{/-90°} \\[2mm] \dot{U}_{AB} = \sqrt{3}\,\dot{U}_C\ \underline{/-90°} \end{array}\right\} \qquad (1-5-16)$$

由图 1-5-12(b) 所示的相量图可得，$\dot{I}_A$ 与 $\dot{U}_{BC}$ 间的相位差为 $90° - \varphi_A$，则功率表 W_A 的读数为

$$P_A = \sqrt{3}\,U_A I_A \sin\varphi_A = \sqrt{3}\,Q_A \qquad (1-5-17)$$

为 A 相负载无功功率的 $\sqrt{3}$ 倍。同理，功率表 W_B、W_C 的读数分别为

$$P_B = \sqrt{3}\,U_B I_B \sin\varphi_B = \sqrt{3}\,Q_B \qquad (1-5-18)$$

$$P_C = \sqrt{3}\,U_C I_C \sin\varphi_C = \sqrt{3}\,Q_C \qquad (1-5-19)$$

即每个功率表的读数分别是对应各相负载的无功功率的 $\sqrt{3}$ 倍。

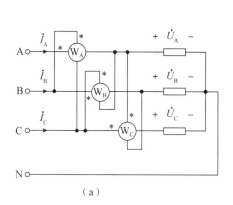

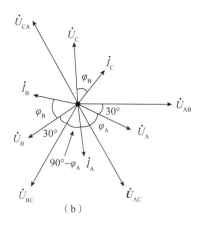

图 1-5-12 三相四线制不对称负载的功率测量意图

（a）功率表接线图；（b）相量图

第2章

基本电路实验

2.1 电路元件伏安特性的测量

一、实验目的 ≫

(1)掌握线性电阻、非线性电阻元件及电源元件伏安特性的测量方法。

(2)掌握直流电工仪器仪表和设备的使用方法。

二、实验原理与说明 ≫

任一二端元件的特性,可用该元件上的端电压 u 与通过它的电流 i 之间的函数关系 $u=f(i)$ 来表示,u 与 i 之间的函数关系常被称为该元件的伏安关系。可以将这种关系用 u-i 直角坐标系平面内的一条曲线(伏安特性曲线)来表示。

1. 电阻元件的伏安特性

线性电阻元件端电压 u 与通过它的电流 i 之间的关系满足欧姆定律,线性电阻的阻值是一个常数,不随端电压 u 或流经它的电流 i 的改变而变化。线性电阻元件的伏安特性在 u-i 直角坐标系内是一条通过原点的直线,直线斜率的倒数等于该电阻元件的电阻值,线性电阻元件的伏安特性曲线如图 2-2-1(a)所示。伏安特性对称于坐标原点,与元件电压、电流的大小和方向无关,这种性质被称为双向性,线性电阻元件都具有这种特性。

非线性电阻元件端电压 u 与通过它的电流 i 之间的关系不满足欧姆定律,其伏安关系可以用某种特定的非线性函数 $u=f(i)$ 来表示。一般的白炽灯在工作时,灯丝处于高温状态,其灯丝电阻随着温度的升高而增大。通过白炽灯的电流越大,其温度越高,阻值也越大,一般灯泡的"冷电阻"与"热电阻"的阻值可相差几倍至十几倍。

半导体二极管是一个非线性电阻元件,它的阻值随电流的变化而变化,其伏安特性曲

线在 u-i 直角坐标系内不是直线，对于坐标原点来说是不对称的。稳压二极管是一种特殊的半导体二极管，其正向特性与普通二极管类似，但其反向特性比较特别，非线性电阻元件的伏安特性曲线如图 2-2-1(b)所示。在反向电压开始增加时，其反向电流几乎为零，但当反向电压增加到某一数值(称为管子的稳压值)时，电流将突然增加，以后它的端电压将维持恒定，不再随外加的反向电压升高而增大。

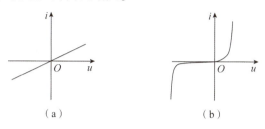

图 2-1-1　电阻元件的伏安特性曲线

(a)线性电阻元件的伏安特性曲线；(b)非线性电阻元件的伏安特性曲线

2. 电压源的外特性

理想直流电压源如图 2-1-2(a)所示，其端电压 U 不随输出电流 I 的变化而变化，其伏安特性曲线是一条平行于电流轴的直线，如图 2-1-2(c)的实线所示。实际电压源有内阻存在，电路模型为理想电压源 U_S 和电阻 R_0 串联，如图 2-1-2(b)所示。实际电压源两端的电压 U 会随着输出电流 I 的增大而减小，其伏安特性曲线如图 2-1-2(c)的虚线所示，是一条向下倾斜的直线。显然，实际电压源内阻越小，其特性越接近理想电压源。实验台上的直流稳压电源的内阻很小，当通过的电流在规定范围内变化时，可以将其近似地当作理想电压源。

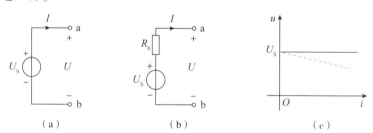

图 2-1-2　电压源的电路模型及其伏安特性

(a)理想直流电压源；(b)实际电压源；(c)伏安特性曲线

理想直流电流源如图 2-1-3(a)所示，其输出电流是一个定值，与电流源两端电压的大小无关，其伏安特性曲线是一条垂直于电压坐标轴的直线，如图 2-1-3(c)的实线所示，科研与实验室中使用的稳流源就具有这样的伏安特性曲线。普通的电流源，随着端电压的增加，电流是略有减小的，其伏安特性曲线如图 2-1-3(c)的虚线所示。可以用理想电流源再并联一个电阻来描述这种实际电流源，如图 2-1-3(b)所示。

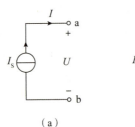 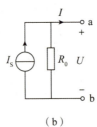 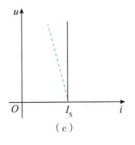

（a）   （b）   （c）

图 2-1-3　电流源的电路模型及其伏安特性

（a）理想直流电流源；（b）实际电流源；（c）伏安特性曲线

三、实验内容与步骤 》》

1. 测定线性电阻的伏安特性

实验电路如图 2-1-4 所示，按图接线，调节直流稳压电源 U_S 输出电压，使之从 0 V 开始缓慢地增加，一直到 10 V，逐点测量 1 kΩ 电阻 R_L 的电压值和电流值，将数据记入表 2-1-1 中。

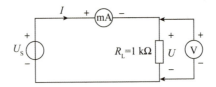

图 2-1-4　线性电阻伏安特性测量线路图

表 2-1-1　线性电阻伏安特性测量数据

$U(V)$	0	2	4	6	8	10
$I(mA)$						

2. 测定非线性电阻的伏安特性

（1）测定白炽灯的伏安特性。

将图 2-1-4 中的电阻 R_L 换成一只 12 V 的小灯泡，调节直流稳压电源 U_S 输出电压，使之从 0 V 开始缓慢地增加，一直到 10 V，逐点测量小灯泡的电压值和电流值，将数据记入表 2-1-2 中。

表 2-1-2　白炽灯泡的伏安特性测量数据

$U(V)$	0	2	4	6	8	10
$I(mA)$						

（2）测定二极管的伏安特性。

实验电路如图 2-1-5 所示，按图接线，R 为限流电阻。测二极管的正向特性时，其正向电流不得超过 25 mA，正向压降可在 0~0.75 V 之间取值，特别需要在 0.5~0.75 V 之间多取几个测量点，将数据记入表 2-1-3 中。

将二极管 D 反接，测二极管的反向伏安特性，二极管 D 的反向电压可加到 30 V 左右，将数据记入表 2-1-4 中。

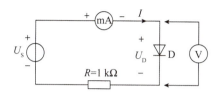

图 2-1-5 测定二极管的伏安特性实验电路

表 2-1-3 二极管的正向伏安特性测量数据

$U(\mathrm{V})$						
$I(\mathrm{mA})$						

表 2-1-4 二极管的反向伏安特性测量数据

$U(\mathrm{V})$						
$I(\mathrm{mA})$						

（3）测定稳压二极管的伏安特性。

将图 2-1-5 中的二极管换成稳压二极管，重复测量过程。正向伏安特性实验数据及反向伏安特性实验数据分别按表 2-1-3、表 2-1-4 形式记录。

3. 测定电压源的伏安特性

（1）测定稳压电源的伏安特性。

按图 2-1-6 所示电路接线，调节稳压源输出电压为 $U_S = 6$ V。调节负载电阻 R_L，使电阻值分别为表 2-1-5 所列数值，以稳压源 U_S 为测量对象，将测得的相应电压、电流值记入表 2-1-5 中。

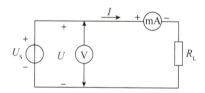

图 2-1-6 稳压源伏安特性测量接线图

表 2-1-5 稳压电源的伏安特性测量数据

$R_L(\Omega)$	∞	1 000	900	800	700	500	300	200
$I(\mathrm{mA})$								
$U(\mathrm{V})$								

（2）测定实际电压源的伏安特性。

电压源 U_S 与电阻 R_S 串联（图 2-1-7 中虚线框内电路），可模拟为一个实际电压源。稳压电源输出电压 $U_S = 6$ V，电阻 $R_S = 51$ Ω。按图 2-1-7 所示电路接线，按表 2-1-6 列出的各阻值调节负载电阻 R_L，逐点测量实际电压源的电压值 U 和电流值 I，记入表 2-1-6 中。

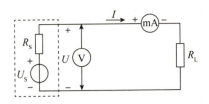

图 2-1-7　实际电压源的伏安特性测量接线图

表 2-1-6　实际电压源伏安特性测量数据

$R_{L}(\Omega)$	∞	2 000	1 500	1 000	800	500	300	200
$U(V)$								
$I(mA)$								

四、实验仪器仪表与设备

直流稳压电源	1 台
直流电压表	1 只
直流电流表	1 只
稳压二极管	1 只
二极管	1 只
10 kΩ 电位器	1 只
电阻、导线	若干

五、实验注意事项

（1）注意直流稳压电源的正确连接，不要使电源正负极短接。

（2）测量时，注意直流电压表和直流电流表极性不可接反。

（3）换接线路时，应关闭直流电源开关。

六、思考题

（1）线性电阻与非线性电阻的概念是什么？

（2）在稳压二极管的伏安特性测量中，如果没有电流表，只用电压表能否测出电路中的电流？如果能，请说明方法。

（3）当电流很小时，小灯泡的电阻只有几个欧姆，测定它的伏安特性，应采用图 2-1-8 所示两种接线法的哪一种测试电路更合理，为什么？

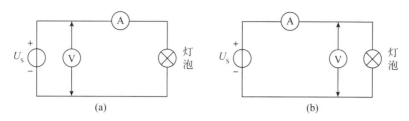

图 2-1-8　测定小灯泡伏安特性的电路图

七、实验总结

（1）整理实验数据，将测量数据填入相应表格。

（2）根据各实验测量数据，分别在坐标纸上绘制出线性电阻元件、非线性电阻元件、电压源和实际电压源的伏安特性曲线。

（3）根据实验结果，总结并归纳线性电阻、非线性电阻、电压源、实际电压源的伏安特性，写出实验结论。

2.2　基尔霍夫定律与叠加定理的研究

一、实验目的

（1）验证基尔霍夫定律，加深对基尔霍夫定律的理解。

（2）熟练使用直流电压表、直流电流表，加深对参考方向的理解。

（3）验证线性电路叠加定理，加深对线性电路的叠加性和齐次性的认识和理解。

二、实验原理与说明

1. 基尔霍夫定律

基尔霍夫定律是电路的基本定律，规定了电路中各支路电流之间和各支路电压之间必须服从的约束关系。无论电路元件是线性的还是非线性的，是时变的还是非时变的，只要电路是集总参数电路，都必须服从这个约束关系。

基尔霍夫电流定律（KCL）：在集总参数电路中，任何时刻，对于任一节点，流出节点的支路电流的代数和恒等于零，即 $\sum I = 0$。

基尔霍夫电压定律（KVL）：在集总参数电路中，任何时刻，沿着任一回路，所有支路电压或元件电压的代数和恒等于零，即 $\sum U = 0$。

2. 叠加定理和齐次性

叠加定理指出，在线性电路中，由多个独立源共同作用所产生的响应，等于各个独立源单独作用于电路所产生的响应的叠加。

线性电路的齐次性是指当所有激励信号(独立源的电压与电流值)同时增加 K 倍或缩小至 $1/K$ 时，电路的响应(即在电路中其他各支路上所产生的电流和电压值)也将增加 K 倍或缩小至 $1/K$。在只有一个激励作用的线性电路中，响应必须与激励成正比。

值得注意的是，功率是电压和电流的乘积，功率与独立电源之间不存在线性关系，所以功率不能直接用叠加关系来计算，但可用叠加关系先计算出电压、电流后再计算功率。

叠加定理仅适用于线性电路，不适用于含有非线性元件的非线性电路。

三、实验内容与步骤 ≫

1. 验证基尔霍夫定律

调节直流稳压源两路输出电压分别为 $U_{S1} = 6$ V，$U_{S2} = 12$ V，并用电压表校准好，调好后关闭待用。按图 2-2-1 所示实验电路接线，线路检查无误后，打开电源开关。用直流电流表测量各支路电流值，用直流电压表分别测量表 2-2-1 所列的电压值，将数据记入表 2-2-1 中。

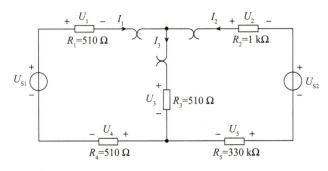

图 2-2-1　实验电路

表 2-2-1　验证基尔霍夫定律的测量数据

测量项目	I_1(mA)	I_2(mA)	I_3(mA)	U_1(V)	U_2(V)	U_3(V)	U_4(V)	U_5(V)
计算值								
测量值								
相对误差								

2. 验证叠加定理

(1)令 U_{S1} 和 U_{S2} 共同作用，实验电路如图 2-2-1 所示，$U_{S1} = 6$ V，$U_{S2} = 12$ V，测量各支路电压、支路电流值，记入表 2-2-2 中。

(2)令电压源 U_{S1} 单独作用，U_{S2} 用短路线替代，实验电路如图 2-2-2 所示，测量各支路电压、支路电流值，记入表 2-2-2 中。

(3)令电压源 U_{S2} 单独作用，U_{S1} 用短路线替代，实验电路如图 2-2-3 所示，测量各支路电压、支路电流值，记入表 2-2-2 中。

（4）将图 2-2-3 中的电压源 U_{S2} 输出电压值调至 24 V，测量各支路电压、支路电流值，记入表 2-2-2 中。

（5）将 R_5 换成一只二极管 1N4007，重复上述（1）~（4）实验步骤，数据按表 2-2-2 形式记录。

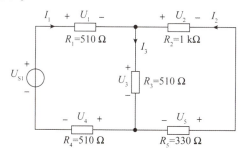

图 2-2-2 U_{S1} 单独作用时的实验电路

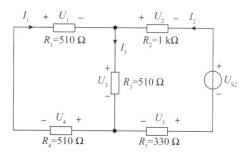

图 2-2-3 U_{S2} 单独作用时的实验电路

表 2-2-2 验证叠加定理的测量数据

电源作用情况	测量项目							
	I_1(mA)	I_2(mA)	I_3(mA)	U_1(V)	U_2(V)	U_3(V)	U_4(V)	U_5(V)
U_{S1} 单独作用								
U_{S2} 单独作用								
U_{S1}、U_{S2} 共同作用								
$U_{S2}=24$ V 单独作用								

四、实验仪器仪表与设备

双路输出直流稳压电源	1 台
直流电流表	1 只
直流电压表	1 只
电阻	若干
二极管 1N4007	1 只

五、实验注意事项

（1）换接线路时，务必先将直流稳压电源关闭，切勿带电操作。

（2）两直流电压源 U_{S1}、U_{S2} 的电压值以电压表测量的读数为准。

（3）用电流插头测量各电流时，要识别电流插头所接电流表的"+""−"极性。

六、思考题

（1）在叠加定理的验证实验中，U_{S1}、U_{S2} 分别单独作用，在实验中应如何操作？可否直接将不作用的电源（U_{S1} 或 U_{S2}）短接？

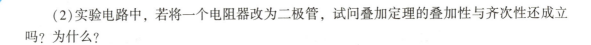

(2)实验电路中，若将一个电阻器改为二极管，试问叠加定理的叠加性与齐次性还成立吗？为什么？

七、实验总结

(1)整理实验数据，将测量数据填入相应表格。

(2)完成表 2-2-1 的计算任务。

(3)根据表 2-2-1 的实验数据，选定实验电路中的任一节点，验证基尔霍夫电流定律；选定实验电路中的任一个闭合回路，验证基尔霍夫电压定律。

(4)根据表 2-2-2 的实验数据验证线性电路的叠加性与齐次性。

(5)各电阻所消耗的功率能否用叠加定理计算得出？试用上述实验数据进行分析。

2.3 戴维南定理的研究

一、实验目的

(1)验证戴维南定理的正确性。

(2)掌握测量线性有源一端口电路等效参数的一般方法。

(3)研究有源一端口电路的最大功率输出条件。

二、实验原理与说明

1. 线性有源一端口电路及其等效电路

任一线性有源一端口电路 N_S 如图 2-3-1(a)所示，若仅研究其对外电路的作用情况，则可将该线性有源一端口电路等效成电阻与电压源串联的戴维南等效电路，如图 2-3-1(b)所示，或者电阻与电流源并联的诺顿等效电路，如图 2-3-1(c)所示。

戴维南定理指出：一个线性有源一端口电路，对外电路来说，可以用一个电压源和电阻的串联组合来等效替换，此电压源的电压等于一端口的开路电压 U_{OC}，串联电阻等于一端口中所有独立源均置零(电压源短接，电流源开路)后的等效电阻 R_{eq}。

诺顿定理指出：一个线性有源一端口电路 N_S，对外电路来说，可以用一个电流源和电阻的并联组合来等效替换，此电流源的电流 I_S 等于一端口电路的短路电流 I_{SC}，并联电阻等于该一端口中所有独立源均置零(电压源短接，电流源开路)后的等效电阻 R_{eq}。

U_{OC}、I_{SC} 以及 R_{eq} 被称为该线性有源一端口的等效电路的等效参数。

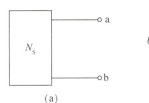
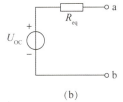
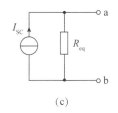

(a)   (b)   (c)

图 2-3-1 线性有源一端口电路及其等效电路
(a)线性有源一端口电路；(b)戴维南等效电路；(c)诺顿等效电路

2. 线性有源一端口电路等效参数的测量方法

(1)线性有源一端口电路开路电压 U_{OC} 的测量方法。

方法一：直接测量法。当该一端口电路的等效电阻 R_{eq} 远远小于电压表的内阻时（电压表内阻是被测电阻的 100 倍以上），可直接用电压表测量该一端口电路的开路电压 U_{OC}，如图 2-3-2 所示。

方法二：零示测量法。当一端口电路的等效电阻 R_{eq} 较高时，用电压表直接测量开路电压 U_{OC} 会造成较大的误差。为了消除电压表内阻的影响，往往采用零示测量法，如图 2-3-3 所示。用一低内阻的稳压电源与被测一端口电路开路电压进行比较，当稳压电源的输出电压与线性有源一端口电路的开路电压相等时，电压表的读数将为零。此时稳压电源的输出电压为该一端口电路的开路电压。

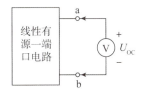
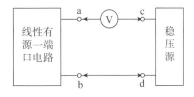

图 2-3-2 直接测量开路电压 U_{OC}   **图 2-3-3 零示法测量开路电压 U_{OC}**

(2)线性有源一端口电路除源后的入端等效电阻 R_{eq} 的测量方法。

方法一：直接测量法。测量时，将一端口电路的所有独立源置零（电压源用短路线替代，电流源用开路替代），化为无源网络，然后用万用表直接测量端口电阻。

方法二：开路电压、短路电流法。用电压表测量该一端口电路输出端的开路电压 U_{OC}，用电流表测其短路电流 I_{SC}，如图 2-3-4 所示，然后通过计算得到入端等效电阻 $R_{eq} = \dfrac{U_{OC}}{I_{SC}}$。若一端口电路的内阻值很小，则不宜测其短路电流，可采用下述的伏安法。

方法三：伏安法。有源一端口电路输出端开路，测量输出端开路电压 U_{OC}，然后在一端口电路输出端接入负载电阻 R_L，测量输出电流 I_N 及输出端电压值 U_N，则该电路的入端等效电阻 $R_{eq} = \dfrac{U_{OC} - U_N}{I_N}$。

方法四：半电压法。如图 2-3-5 所示，调节负载电阻 R_L 的阻值，当负载电压为被测一端口开路电压 U_{OC} 的一半时，负载电阻值为被测有源一端口电路的入端等效电阻 R_{eq} 的值。

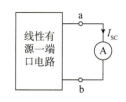

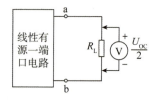

图 2-3-4 测量短路电流 I_{SC}　　**图 2-3-5 半电压法测入端等效电阻**

3. 最大功率传输条件

对于可变化的负载 R_L 从有源一端口电路获得功率大小的情况，一般应先求出负载之外的一端口电路的戴维南等效电路。当负载电阻 R_L 与一端口电路的戴维南等效电阻 R_{eq} 相等，即 $R_L = R_{eq}$ 时，R_L 将获得最大的功率 $P_{max} = \dfrac{U_{OC}^2}{4R_{eq}}$。此时，称负载 R_L 与有源一端口电路的输入电阻匹配。

三、实验内容与步骤 ≫

1. 开路电压、短路电流法测入端等效电阻 R_{eq}

图 2-3-6 所示电路，虚线框内为被测线性有源一端口电路，将 ab 端口开路，用电压表测量端口开路电压 U_{OC}；将 ab 端口短路，用电流表测量短路电流 I_{SC}。利用 $R_{eq} = \dfrac{U_{OC}}{I_{SC}}$ 计算入端等效电阻 R_{eq}，将结果记入表 2-3-1 中。

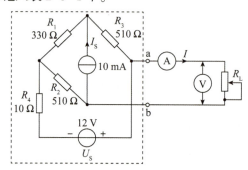

图 2-3-6 测量线性有源一端口电路外特性的电路

表 2-3-1 线性有源一端口电路的 U_{OC}、I_{SC} 测量数据

$U_{OC}(V)$	$I_{SC}(mA)$	计算 $R_{eq} = U_{OC}/I_{SC}(\Omega)$

2. 测量线性有源一端口电路的外特性

实验电路如图 2-3-6 所示，按表 2-3-2 所列的数值调节负载电阻 R_L 的阻值，测量一端口电路的外特性，将结果记入表 2-3-2 中。

表 2-3-2　线性有源一端口电路的外特性测量数据

$R_L(\Omega)$	0	100	400	500	520	600	800	1 000	∞
$U(V)$									
$I(mA)$									

3. 测量戴维南等效电路的外特性

调节电压源的输出电压为 U_{OC}，并将电压源与阻值为 R_{eq} 的电阻串联，构成图 2-3-7 所示的等效电路，按表 2-3-3 所列数据改变 R_L 的阻值，测量不同阻值下 ab 端口的电压、电流值，将结果记入表 2-3-3 中。

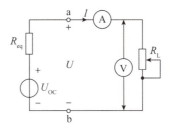

图 2-3-7　测量戴维南等效电路的外特性

表 2-3-3　戴维南等效电路的外特性测量数据

$R_L(\Omega)$	0	100	400	500	520	600	800	1 000	∞
$U(V)$									
$I(mA)$									

4. 最大功率传输条件的研究

实验电路如图 2-3-8 所示，$U_S = 10\ V$，$R_o = 200\ \Omega$。调节电阻箱 R_L 之值，使 $U_L = \dfrac{1}{2} U_S$，此时 $R_o = R_L$，将此 R_L 值(用万用表测量)记入表 2-3-4 中 R_L 栏空格处。按表 2-3-4 所列数值改变 R_L 的阻值，测量不同阻值下的电压、电流值，将结果记入表 2-3-4 中。分别计算 $P = U_L I$，填入表 2-3-4 中。

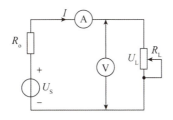

图 2-3-8　验证最大功率传输定理

表 2-3-4　验证最大功率传输条件测量数据

$R_L(\Omega)$		50	100	150		250	400	1 000
测量值	$U_L(V)$							
	$I(A)$							
计算值	$P(W)$							

四、实验仪器仪表与设备

直流稳压电源　　　　　1 台
直流恒流源　　　　　　1 台
万用表　　　　　　　　1 只
直流电流表　　　　　　1 只
可调电阻箱　　　　　　1 只
电阻　　　　　　　　　若干

五、实验注意事项

(1)万用表的欧姆挡必须调零后才能进行测量。
(2)用万用表直接测 R_{eq} 时，电路中的独立电源必须先置零，以免损坏万用表。
(3)绘制特性曲线时，注意合理选取坐标比例。
(4)仪器仪表读数和实验数据的运算要注意按有效数字的有关规则进行。

六、思考题

(1)在测量戴维南等效电路的参数时，做短路实验测短路电流 I_{sc} 的条件是什么？在本实验中可否直接做负载短路实验？
(2)说明测有源一端口电路开路电压及等效电阻的几种方法，并比较其优缺点。

七、实验总结

(1)整理实验数据，将测量数据填入相应表格。
(2)根据所测数据，在同一坐标系中绘出线性有源一端口电路的伏安特性曲线与戴维南等效电路的伏安特性曲线，并进行比较，验证戴维南定理。
(3)根据实验测量数据计算功率，绘制 R_L 上的功率 P 随 R_L 变化的曲线，即 $P = f(R_L)$，验证最大功率传输条件。
(4)对实验中遇到的问题、实验现象及实验结果进行分析讨论，总结实验的收获。

2.4 运算放大器和受控电源的实验研究

一、实验目的

(1)加深对受控电源的理解。
(2)了解用运算放大器组成4种基本受控电源的线路原理及分析方法。
(3)掌握受控电源转移特性和负载特性的测量方法。

二、实验原理与说明

1. 运算放大器

运算放大器(简称运放)是一种有源多端器件,其电路符号如图2-4-1所示。若信号从"+"端输入,则输出信号与输入信号同相,故该端被称为同相输入端;若信号从"−"端输入,则输出信号与输入信号反相,故该端被称为反相输入端。要使运算放大器正常工作,还必须接有正、负直流工作电源(即双电源U_{CC}和U_{EE}),有的运算放大器可用单电源工作。

若运算放大器工作在线性放大区,"+"端和"−"端分别接入输入电压u_+和u_-,则输出端电压为$u_o = A_o(u_+ - u_-)$,其中A_o为运算放大器的开环电压放大倍数。

对于理想运放,放大倍数A_o和输入电阻R_i均为无穷大,输出电阻R_o为0,而输出电压u_o是一个有限值,故可得$u_+ - u_- = \dfrac{u_o}{A_o} \to 0$,由此可得出理想运放的两个特性:$u_+ = u_-$,即"虚短路";$i_+ = i_- = 0$,即"虚断路"。这两个性质是简化分析理想运放的两个依据。

理想运放的电路模型是一个电压控制电压源,如图2-4-2所示,在它的外部接入不同的电路元件,可构成4种基本受控源电路,以实现对输入信号的各种模拟运算或模拟变换。

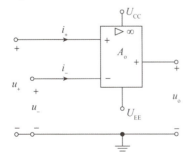

图2-4-1 运算放大器的电路符号

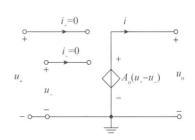

图2-4-2 理想运放的电路模型

2. 受控电源

受控电源的输出电压或电流受电路中另一支路的电压或电流所控制。当受控电源输出的电压(或电流)与控制支路的电压(或电流)成正比时,则该受控电源为线性的。根据控制变量与输出变量的不同,受控电源可分为 4 类。

(1)电压控制电压源(VCVS),如图 2-4-3(a)所示,其转移特性为 $u_o = \mu u_1$,μ 为控制系数,被称为转移电压比(或电压放大倍数)。

(2)电压控制电流源(VCCS),如图 2-4-3(b)所示,其转移特性为 $i_2 = g u_1$,g 为控制系数,被称为转移电导,具有电导的量纲。

(3)电流控制电压源(CCVS),如图 2-4-3(c)所示,其转移特性为 $u_o = r i_1$,r 为控制系数,被称为转移电阻,具有电阻的量纲。

(4)电流控制电流源(CCCS),如图 2-4-3(d)所示,其转移特性为 $i_2 = \beta i_1$,β 为控制系数,被称为转移电流比(或电流放大倍数)。

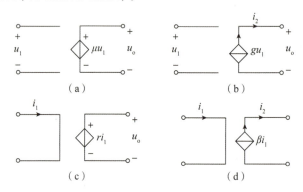

图 2-4-3 4 种受控电源的电路符号
(a)VCVS;(b)VCCS;(c)CCVS;(d)CCCS

3. 用运算放大器构成的受控电源

在运算放大器的外部接入不同的电路元件,可构成 4 种基本受控电源电路。

(1)电压控制电压源(VCVS)。图 2-4-4 所示为用运算放大器构成的电压控制电压源电路,该电路是一个同相比例放大电路,其输入、输出有公共接地点,称之为共地连接。

由于运算放大器的“虚短路”,有 $u_+ = u_- = u_i$。根据运算放大器的“虚断路”特性和基尔霍夫电流定律,可得 $i_1 = i_2$,而 $i_1 = \dfrac{u_o - u_i}{R_1}$,$i_2 = \dfrac{u_i}{R_2}$,故可得 $u_o = \left(1 + \dfrac{R_1}{R_2}\right) u_i$。

可见,运算放大器的输出电压 u_o 受电路输入电压 u_i 的控制,转移电压比为 $\mu = \dfrac{u_o}{u_i} = 1 + \dfrac{R_1}{R_2}$。

(2)电压控制电流源(VCCS)。图 2-4-5 所示为采用运算放大器构成的电压控制电流源电路,流过负载电阻 R_L 的电流 $i_o = i_1 = \dfrac{u_i}{R_1}$。

可知运算放大器的输出电流 i_o 受输入电压 u_i 的控制,与负载 R_L 无关(实际上要求 R_L 为

电路实验报告

班级：_____

姓名：_____

学号：_____

电路实验报告(一)

姓　　名:＿＿＿＿＿＿＿　学　　号:＿＿＿＿＿＿＿　报告评分:＿＿＿＿＿＿＿

班　　级:＿＿＿＿＿＿＿　实验时间:＿＿＿＿＿＿＿　指导老师:＿＿＿＿＿＿＿

一、实验项目名称

＿＿＿

二、实验目的

＿＿＿

＿＿＿

＿＿＿

三、实验仪器仪表与设备

表1　实验仪器仪表与设备

名称	数量	名称	数量

四、实验原理

(1)基尔霍夫定律是电路的基本定律,规定了电路中各支路电流之间和各支路电压之间必须服从的约束关系,无论电路元器件是线性的还是非线性的,是时变的还是非时变的,只要电路是集总参数电路,都必须服从这个约束关系。

基尔霍夫电流定律(KCL):＿＿＿＿＿＿＿＿＿＿＿＿＿＿＿＿＿＿＿＿＿＿＿＿＿＿＿＿＿

＿＿＿＿＿＿＿＿＿＿＿＿＿＿＿＿＿＿＿＿＿＿＿＿＿＿＿＿＿＿＿＿＿＿＿＿＿＿＿。

基尔霍夫电压定律(KVL):＿＿＿＿＿＿＿＿＿＿＿＿＿＿＿＿＿＿＿＿＿＿＿＿＿＿＿＿＿

＿＿＿＿＿＿＿＿＿＿＿＿＿＿＿＿＿＿＿＿＿＿＿＿＿＿＿＿＿＿＿＿＿＿＿＿＿＿＿。

(2)叠加定理指出＿＿＿＿＿＿＿＿＿＿＿＿＿＿＿＿＿＿＿＿＿＿＿＿＿＿＿＿＿＿＿＿＿

＿＿＿＿＿＿＿＿＿＿＿＿＿＿＿＿＿＿＿＿＿＿＿＿＿＿＿＿＿＿＿＿＿＿＿＿＿＿＿。

叠加定理仅适用于＿＿＿＿＿＿电路,不适用于含有非线性元件的＿＿＿＿＿＿电路。

线性电路的齐次性是指＿＿＿＿＿＿＿＿＿＿＿＿＿＿＿＿＿＿＿＿＿＿＿＿＿＿＿＿＿＿

＿＿＿＿＿＿＿＿＿＿＿＿＿＿＿＿＿＿＿＿＿＿＿＿＿＿＿＿＿＿＿＿＿＿＿＿＿＿＿。

五、实验内容、实验数据整理与分析

1. 基尔霍夫定律的验证

实验电路图及实验步骤简述

表 2　验证基尔霍夫定律的测量数据

测量项目	$I_1(\text{mA})$	$I_2(\text{mA})$	$I_3(\text{mA})$	$U_1(\text{V})$	$U_2(\text{V})$	$U_3(\text{V})$	$U_4(\text{V})$	$U_5(\text{V})$
计算值								
测量值								
相对误差								

（1）按实验电路图中的电路参数，完成表中各支路电流值、支路电压值及相对误差的计算。

（2）选定实验电路中的某一节点的实验数据，验证基尔霍夫电流定律。

（3）选定实验电路中的某一回路实验数据，验证基尔霍夫电压定律。

2. 叠加定理的验证

实验电路图及实验步骤简述

表 3　验证叠加定理的测量数据

电源作用情况	测量项目							
	I_1(mA)	I_2(mA)	I_3(mA)	U_1(V)	U_2(V)	U_3(V)	U_4(V)	U_5(V)
U_{S1}单独作用								
U_{S2}单独作用								
U_{S1}、U_{S2}共同作用								
$U_{S2}=24$ V 单独作用								

(1)选取实验数据，验证线性电路的叠加性和齐次性。

(2)各电阻所消耗的功率能否用叠加定理计算得出？试用上述实验数据计算并得出结论。

六、实验注意事项

七、思考题

（1）叠加定理的验证实验中，U_{S1}、U_{S2}分别单独作用，在实验中应如何操作？可否直接将不作用的电源（U_{S1}或U_{S2}）置零（短接）？

（2）实验电路中，若将一个电阻器改为二极管，试问叠加性与齐次性还成立吗？为什么？

八、实验结论

（由测量数据进行分析得出实验结论并适当讨论）

九、实验总结及心得体会

（对实验中遇到的问题、实验现象等进行分析讨论，总结实验的收获与体会）

实验原始数据记录(一)

1. 基尔霍夫定律的验证

表 1　验证基尔霍夫定律的测量数据

被测量	$I_1(mA)$	$I_2(mA)$	$I_3(mA)$	$U_1(V)$	$U_2(V)$	$U_3(V)$	$U_4(V)$	$U_5(V)$
测量值								

2. 叠加定理的验证

表 2　验证叠加定理的测量数据

被测量	$I_1(mA)$	$I_2(mA)$	$I_3(mA)$	$U_1(V)$	$U_2(V)$	$U_3(V)$	$U_4(V)$	$U_5(V)$
U_{S1} 单独作用								
U_{S2} 单独作用								
U_{S1}、U_{S2} 共同作用								
$U_{S2}=24$ V 单独作用								

教师签名：＿＿＿＿＿＿

电路实验报告(二)

姓　　名: _____　学　　号: _____　报告评分: _____

班　　级: _____　实验时间: _____　指导老师: _____

一、实验项目名称

_____

二、实验目的

_____

_____

_____

三、实验仪器仪表与设备

表 1　实验仪器仪表与设备

名称	数量	名称	数量

四、实验原理

1. 戴维南定理和诺顿定理

(1)戴维南定理: _____

_____

_____。

(2)诺顿定理: _____

_____

_____。

2. 线性有源一端口电路等效参数的测量方法

(1)开路电压、短路电流法测等效电阻 R_{eq}, 其实验原理为 _____

_____。

若线性有源一端口电路的内阻值_____, 则不宜测其短路电流。

（2）伏安法测入端等效电阻 R_{eq}，其实验原理为_____

_____

_____。

（3）半电压法测入端等效电阻 R_{eq}。如右图所示，当负载电阻 R_L 的电压为_____，负载电阻 R_L 阻值即_____。

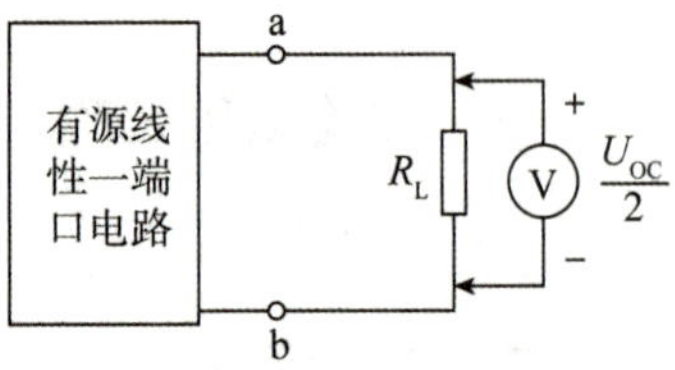

有源线性一端口电路 — a — R_L — (V) — $\dfrac{U_{OC}}{2}$ — b

半电压法测等效电阻实验电路

五、实验内容、实验数据整理及分析

（1）开路电压、短路电流法测定入端电阻 R_{eq}。

实验电路图及实验步骤简述

表2　线性有源一端口网络的 U_{OC}、I_{SC} 测量数据

$U_{OC}(V)$	$I_{SC}(mA)$	计算 $R_{eq} = U_{OC}/I_{SC}(\Omega)$

（2）测量线性有源一端口电路的外特性。

实验步骤简述

表3　线性有源一端口网络的外特性测量数据

$R_L(\Omega)$	0	100	400	500	520	600	800	1 000	∞
$U(V)$									
$I(mA)$									

（3）测量戴维南等效电路伏安特性。

实验电路图及实验步骤

表 4　戴维南等效电路的外特性测量数据

$R_L(\Omega)$	0	100	400	500	520	600	800	1 000	∞
$U(V)$									
$I(mA)$									

（4）最大功率传输条件的研究。

实验电路图及实验步骤简述

表 5　验证最大功率传输条件实验数据

	$R_L(\Omega)$	50	100	150		250	400	1 000
测量值	$U_L(V)$							
	$I(A)$							
计算值	$P(W)$							

（5）在同一坐标系内绘出线性有源二端口网络的外特性曲线和戴维南等效电路的外特性曲线。

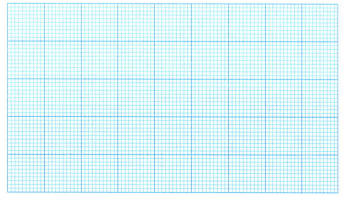

（6）在坐标纸上绘出负载 R_L 的功率 P 随 R_L 阻值变化的曲线。

六、实验注意事项

七、思考题

（1）在求线性有源一端口网络的戴维南等效电路时，进行短路实验测 I_{SC} 的条件是什么？

（2）在本实验中，可否直接进行负载短路实验？为什么？

（3）说明测线性有源一端口网络开路电压及等效内阻的几种方法，并比较其优缺点。

八、实验结论

（由测量数据进行分析得出实验结论并适当讨论）

九、实验总结及心得体会

（对实验中遇到的问题、实验现象等进行分析讨论，总结实验的收获与体会）

实验原始数据记录(二)

1. 用开路电压、短路电流法测定线性有源一端口网络的 R_{eq}

表1　线性有源一端口网络的 U_{OC}、I_{SC} 测量数据

$U_{OC}(V)$	$I_{SC}(mA)$	计算 $R_{eq} = U_{OC}/I_{SC}(\Omega)$

2. 测量线性有源一端口网络的外特性

表2　线性有源一端口网络的外特性测量数据

$R_L(\Omega)$	0	100	400	500	520	600	800	1 000	∞
$U(V)$									
$I(mA)$									

3. 验证戴维南定理

表3　戴维南等效电路的外特性测量数据

$R_L(\Omega)$	0	100	400	500	520	600	800	1 000	∞
$U(V)$									
$I(mA)$									

4. 验证最大功率传输条件

表4　验证最大功率传输条件测量数据

	$R_L(\Omega)$	50	100	150	＿＿	200	400	1 000
测量值	$U_L(V)$							
	$I(A)$							
计算值	$P(W)$							

电路实验报告(三)

姓　　名:_____　学　　号:_____　报告评分:_____

班　　级:_____　实验时间:_____　指导老师:_____

一、实验项目名称

_____

二、实验目的

_____

_____

_____

三、实验仪器仪表与设备

表 1　实验仪器仪表与设备

名称	数量	名称	数量

四、实验原理

1. 一阶电路及其过渡过程

动态电路指_____,一阶电路指_____

_____。对处于稳态的动态电路,当电路结构或参数发生变化时,电路中会引起过渡过程。电路的过渡过程分为_____、_____和_____3 种情况。

一阶 RC 串联电路全响应可以看作是_____和_____的叠加。当外加激励是阶跃信号时,电路的零状态响应被称为_____。一阶 RC 电路对方波脉冲序列的响应,可以看作_____。

动态电路的过渡过程是十分短暂的单次变化过程,用一般的中频示波器观察过渡过程和测量有关的参数,其原理及实验方法为_____

_____

_____。

2. 时间常数及其测量

一阶 RC 电路的零输入响应和零状态响应分别按指数规律衰减和增长，其变化的快慢取决于电路的时间常数 τ。在示波器上显示出响应波形后，可以由波形估算出电路的时间常数 τ。时间常数测量原理为＿＿＿。

3. 微分电路和积分电路

(1)微分电路。若一阶 RC 串联电路输出电压为电阻电压 u_R，电路输入激励 u_S 为周期为 T 的方波脉冲序列。

当满足＿＿＿＿＿＿＿时，u_R＿＿＿＿＿＿u_C，u_C＿＿＿＿＿＿u_S，u_R ＝＿＿＿＿＿＿＿＿＿＿＿＿＿＿，即电路的输出电压 u_R 与输入激励 u_S＿＿＿＿＿＿＿＿＿＿＿＿＿＿＿＿＿＿＿＿＿＿。

(2)积分电路。若一阶 RC 电路的输出电压为电容电压 u_C，电路输入激励 u_S 为周期为 T 的方波脉冲序列。

当满足＿＿＿＿＿＿＿时，u_R＿＿＿＿＿＿u_C，u_C＿＿＿＿＿＿u_S，u_R ＝＿＿＿＿＿＿＿＿＿＿＿＿＿＿，此时电路的输出电压 u_C 与输入激励 u_S＿＿＿＿＿＿＿＿＿＿＿＿＿＿＿＿＿＿＿＿＿。

五、实验内容、实验数据整理及分析

1. 观测一阶 RC 电路充、放电过程及时间常数的测定

实验电路图及实验步骤简述

(1)测量时间常数 τ＝＿＿＿＿＿＿ μs。

(2)$t = 60$ μs，u_C＝＿＿＿＿＿＿ V；$u_C = 2.8$ V 时，t＝＿＿＿＿＿＿ μs。

（3）在坐标纸上绘制一个周期的 $u_C(t)$ 的波形。

定性观察改变 R 或 C 的值，对响应 u_C 的影响：_____

_____。

2. 积分电路和微分电路

实验电路图及实验步骤简述

（1）积分电路的响应。$R = 10$ kΩ，$C = 0.047$ μF，在坐标纸上描绘一个周期的激励 u_S 和响应 u_C 的波形。

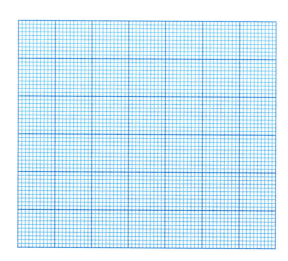

RC 积分电路对波形变换的作用：_____。

（2）微分电路的响应。$C=0.01\ \mu F$，$R=1\ k\Omega$，在坐标纸上描绘激励 u_S 及响应 u_R 的波形。

定性观察 RC 微分电路，增加 R 值对响应 u_R 的影响：＿＿＿＿＿＿＿＿＿＿＿＿＿＿。

RC 微分电路对波形变换的作用：＿＿＿＿＿＿＿＿＿＿＿＿＿＿＿＿＿。

六、实验注意事项

七、思考题

（1）已知一阶 RC 电路 $R=10\ k\Omega$，$C=3\ 300\ pF$，试计算时间常数 τ，并根据 τ 值的物理意义，拟定测定 τ 的方案。

（2）何谓积分电路和微分电路？它们必须具备什么条件？它们在方波序列脉冲的激励下，其输出信号波形的变化规律如何？

（3）在 RC 电路中，当 R 或 C 的大小变化时，对电路有何影响？

八、实验结论

（由测量数据进行分析得出实验结论并适当讨论）

九、实验总结及心得体会

（对实验中遇到的问题、实验现象等进行分析讨论，总结实验的收获与体会）

实验原始数据记录（三）

1. RC 电路时间常数的测定

时间常数 τ = _____。

2. RC 电路电压和时间测量

（1）R = 10 kΩ，C = 3 300 pF，绘制一个周期的 $u_C(t)$ 的波形。

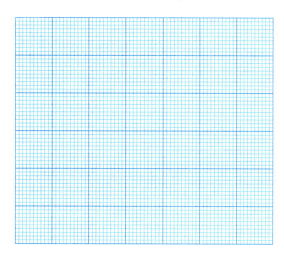

（2）t = 60 μs 时，u_C = _____ V；u_C 由 0 充电到 2.8 V 时，所需时间 t = _____。

（3）改变 R 或 C 的值，对响应 u_C 的影响：_____

_____。

3. 积分电路的响应

（1）R = 10 kΩ，C = 0.047 μF，绘制一个周期的激励 u_S 和响应 u_C 的波形。

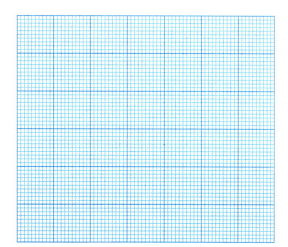

（2）继续增大 C 的值，对响应 u_C 波形的影响：_____。

4. 微分电路的响应

(1)$C=0.01\ \mu F$，$R=1\ k\Omega$，绘制一个周期的激励 u_S 及响应电阻电压 u_R 的波形。

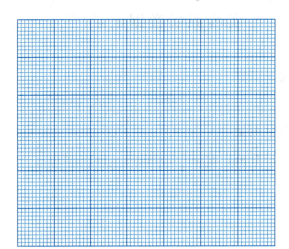

(2)增加 R 的值，对响应 u_R 波形的影响：_____。

教师签名：_____

电路实验报告（四）

姓　　名：＿＿＿＿＿＿＿　学　　号：＿＿＿＿＿＿＿　报告评分：＿＿＿＿＿＿＿

班　　级：＿＿＿＿＿＿＿　实验时间：＿＿＿＿＿＿＿　指导老师：＿＿＿＿＿＿＿

一、实验项目名称

_____

二、实验目的

_____

_____

_____

三、实验仪器仪表与设备

表1　实验仪器仪表与设备

名称	数量	名称	数量

四、实验原理

1. 三表法测阻抗

正弦交流激励下电路的阻抗可表示为 $Z = |Z| \angle \varphi = R + jX$ ，阻抗的等效参数可以用三表法进行测量，三表法指＿＿＿＿＿＿＿＿＿＿＿＿＿＿＿＿＿＿＿＿＿＿＿＿＿＿＿＿＿＿＿＿＿＿＿＿

_____。

可通过如下公式计算电路等效参数：＿＿＿＿＿＿＿＿＿＿＿＿＿＿＿＿＿＿＿

_____。

2. 阻抗性质的判别方法

被测阻抗可能是容性，也可能是感性，由 U、I、P 这3个量的测量值及等效参数的计算公式无法判定阻抗的性质，实际中可采用下述方法判别阻抗的性质。

(1) 并联电容法判定电路性质：＿＿＿＿＿＿＿＿＿＿＿＿＿＿＿＿＿＿＿

_____。

若 B 为被测阻抗的电纳值，ω 为电源频率，并联试验 C' 应满足条件_____。

（2）串联电容法判定电路性质：_____

_____。

若 X 为被测阻抗的电抗值，C' 为串联试验的电容值，并联试验 C' 应满足条件_____。

（3）用示波器观察阻抗元件电压、电流波形的相位关系判定电路性质：_____

_____。

（4）用功率因数表或数字式相位仪测量功率因数 $\cos\varphi$ 和阻抗角判定电路性质：_____

_____。

五、实验内容、实验数据整理及分析

实验电路图及实验步骤简述

表 2　三表法测量阻抗等效参数测量数据

被测阻抗	测量值			被测阻抗性质	计算值				
	$U(\mathrm{V})$	$I(\mathrm{A})$	$P(\mathrm{W})$		$\lvert Z \rvert (\Omega)$	$\cos\varphi$	$R(\Omega)$	$L(\mathrm{mH})$	$C(\mu\mathrm{F})$
RL 串联									
RC 串联									
RLC 串联									
LC 并联再与 R 串联									

六、实验注意事项

七、思考题

（1）在 50 Hz 的交流电路中，测得一只铁芯线圈的 P、I 和 U，如何计算它的阻值及电感量？

（2）串联电容法判别阻抗的性质。在保持端电压有效值 U 不变的条件下，设被测阻抗的电抗值为 X，试用电流 I 随串联电容 C 的容抗 X_c 的变化关系进行定性分析，证明串联电容 C 应满足判别条件 $\dfrac{1}{\omega C} < 2X$。

八、实验结论

（由测量数据进行分析得出实验结论并适当讨论）

九、实验总结及心得体会

（对实验中遇到的问题、实验现象等进行分析讨论，总结实验的收获与体会）

实验原始数据记录（四）

1. 被测阻抗等效参数的测定

表 1　三表法测阻抗等效参数测量数据

被测阻抗	$U(\text{V})$	$I(\text{mA})$	$P(\text{W})$
R、L 串联			
R、C 串联			
R、L、C 串联			
L、C 并联再与 R 串联			

2. 并联电容法测阻抗性质

并联试验电容 $C' =$ _____ 。

表 2　并联电容法测阻抗等效参数测量数据

被测阻抗	并联电容 C' 前	并联电容 C' 后	被测阻抗性质
	$I(\text{mA})$	$I(\text{mA})$	
R、L、C 串联			
L、C 并联再与 R 串联			

教师签名：_____

电路实验报告(五)

姓　　名：＿＿＿＿＿＿＿　学　　号：＿＿＿＿＿＿＿　报告评分：＿＿＿＿＿＿＿

班　　级：＿＿＿＿＿＿＿　实验时间：＿＿＿＿＿＿＿　指导老师：＿＿＿＿＿＿＿

一、实验项目名称

＿＿＿

二、实验目的

＿＿＿

＿＿＿

＿＿＿

三、实验仪器仪表与设备

表 1　实验仪器仪表与设备

名称	数量	名称	数量

四、实验原理

1. 日光灯电路的工作原理

日光灯电路由＿＿＿＿＿＿、＿＿＿＿＿＿和＿＿＿＿＿＿3 个部分构成。灯管内壁均匀涂有＿＿＿＿＿＿，两端各有一个＿＿＿＿＿＿，灯丝上涂有＿＿＿＿＿＿，管内充有＿＿＿＿和少量的水银蒸气。在两电极间加上一定的电压后，灯管发生＿＿＿＿＿＿产生紫外线，激发荧光粉辐射＿＿＿＿＿＿。镇流器是一个＿＿＿＿＿＿，其作用是＿＿。

灯管瓦数不同，配的镇流器也应不同。启辉器由一个固定电极和一个双金属片可动电极装在充有氖气的玻璃泡内组成。当接通电源时，灯管还没放电，启辉器的电极处于＿＿＿＿＿＿，此时电路中没有电流，电源电压全部加在＿＿＿＿＿＿，电极间产生＿＿＿＿＿＿，可动电极的双金属片受热弯曲碰上＿＿＿＿＿＿而接通电路，使灯管灯丝流过电流而发射＿＿＿＿＿＿。电路接通后辉光放电停止，电极也逐渐冷却并分开恢复原状。在电极分开瞬间，镇流器产生_____，与外加电压一起加在灯管两端，使灯管产生_____，灯管内壁荧光粉便发出近似日光的可见光。

2. 功率因数的提高

(1)提高功率因数的意义。当电路(系统)的功率因数较低时，会带来以下两个方面的问题。

一是_____

_____。

二是_____

_____。

因此，提高电路(系统)的功率因数有着十分重要而显著的经济意义。

(2)提高功率因数的方法。提高功率因数通常是根据_____在电路中接入_____，即接入_____或_____。由于实际的负载(如电动机、变压器等)大多为感性的，所以在工程应用中一般采用_____方法，用电容器中_____补偿感性负载中的_____，从而提高功率因数。

(3)进行无功补偿时会出现3种情况，即_____、_____和_____。

欠补偿：_____

_____；

全补偿：_____

_____；

过补偿：_____

_____。

正常工作时，由于镇流器电感线圈串联在电路中，所以日光灯是一种_____负载。为了改善日光灯电路的功率因数($\cos\varphi$ 值)，可在日光灯两端并联_____。

五、实验内容、实验数据整理及分析

1. 日光灯电路的测量

实验电路图及实验步骤简述

表 2　日光灯电路测量数据

	$P(\mathrm{W})$	$\cos\varphi$	$P_{\mathrm{L}}(\mathrm{W})$	$\cos\varphi_{\mathrm{L}}$	$I(\mathrm{A})$	$U(\mathrm{V})$	$U_{\mathrm{L}}(\mathrm{V})$	$U_{\mathrm{A}}(\mathrm{V})$
正常工作值								

2. 功率因数提高

实验步骤简述

表 3　并联电容 C 提高日光灯电路功率因数测量数据

电容值($\mu\mathrm{F}$)	$P(\mathrm{W})$	$U(\mathrm{V})$	$I(\mathrm{A})$	$I_{\mathrm{L}}(\mathrm{A})$	$I_{\mathrm{c}}(\mathrm{A})$	$\cos\varphi$
0						
1.0						
2.0						
3.2						
4.2						
4.7						
5.7						
6.7						
7.7						

（1）选择并联电容不为零时的一组实验数据，绘出电流相量图，并验证相量形式的基尔霍夫电流定律。

（2）在坐标纸上绘出功率因数随并联电容 C 变化的曲线 $\cos\varphi = f(C)$。

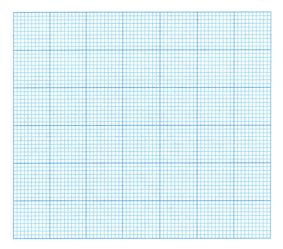

六、实验注意事项

七、思考题

（1）在日常生活中，当日光灯上缺少了启辉器时，人们常用一根导线将启辉器的两端短接一下，然后迅速断开，使日光灯点亮，或者用一只启辉器去点亮多只同类型的日光灯，这是为什么？

（2）为了提高电路的功率因数，常在感性负载上并联电容，此时增加了一条电流支路，试问电路的总电流是增大还是减小？此时感性元件上的电流和功率是否改变？

（3）提高电路功率因数为什么只采用并联电容法，而不用串联法？并联的电容是否越大越好？

八、实验结论

（由测量数据进行分析得出实验结论并适当讨论）

九、实验总结及心得体会

（对实验中遇到的问题、实验现象等进行分析讨论，总结实验的收获与体会）

实验原始数据记录(五)

1. 日光灯电路测量

表1　日光灯电路测量数据

	$P(\text{W})$	$\cos\varphi$	$P_L(\text{W})$	$\cos\varphi_L$	$I(\text{A})$	$U(\text{V})$	$U_L(\text{V})$	$U_A(\text{V})$
正常工作值								

2. 并联电容提高电路功率因数

表2　并联电容 C 提高日光灯电路功率因数测量数据

电容值(μF)	$P(\text{W})$	$U(\text{V})$	$I(\text{A})$	$I_L(\text{A})$	$I_C(\text{A})$	$\cos\varphi$
0						
1.0						
2.0						
3.2						
4.2						
4.7						
5.7						
6.7						
7.7						

教师签名：_____

电路实验报告（六）

姓　　名：＿＿＿＿＿＿＿＿　学　　号：＿＿＿＿＿＿＿＿　报告评分：＿＿＿＿＿＿＿

班　　级：＿＿＿＿＿＿＿＿　实验时间：＿＿＿＿＿＿＿　指导老师：＿＿＿＿＿＿＿

一、实验项目名称

＿＿＿

二、实验目的

＿＿＿

＿＿＿

＿＿＿

三、实验仪器仪表与设备

表1　实验仪器仪表与设备

名称	数量	名称	数量

四、实验原理

（1）当调节 RLC 串联电路的电路参数＿＿＿＿＿＿或改变电源的＿＿＿＿＿＿时，电路

电流的＿＿＿＿和＿＿＿＿都会发生变化。当 $\omega L = \dfrac{1}{\omega C}$ 时，端电压与端电流＿＿＿＿，电路

发生＿＿＿＿＿，谐振角频率 $\omega_0 =$ ＿＿＿＿＿，谐振频率 $f_0 =$ ＿＿＿＿＿。显然，谐

振频率 f_0 仅与元件参数＿＿＿＿＿有关，而与元件参数＿＿＿＿＿无关。

（2）在 RLC 串联谐振电路中，电感和电容产生高电压的能力可以用品质因数 Q 来表示，

品质因数 $Q =$ ＿＿＿＿＿。品质因数 Q 值可以用以下两种方法测量。

方法一：＿＿＿＿＿＿＿＿＿＿＿＿＿＿＿＿＿＿＿＿＿＿＿＿＿＿＿＿＿＿。

方法二：＿＿＿＿＿＿＿＿＿＿＿＿＿＿＿＿＿＿＿＿＿＿＿＿＿＿＿＿＿＿。

（3）当信号源的频率 f 改变时，电路中的感抗、容抗随之改变，电路中的电流也随 f 改

变。RLC 串联谐振电路中，电阻 R 上的端电压 U_R 与信号源角频率 ω 之间的关系为：＿＿＿＿

＿＿。

设谐振时电阻 R_1 上的电压为 U_{R0}，可得电路的通用幅频特性表达式：

$$\frac{U_R}{U_{R0}} = \underline{\hspace{10cm}}。$$

(4)规定 $\frac{U_R}{U_{R0}} = \frac{1}{\sqrt{2}}$ 时所对应的两个频率 f_L 和 f_H 分别为下限频率和上限频率，$\frac{U_R}{U_{R0}} \geq \frac{1}{\sqrt{2}}$ 时对应的频率范围为电路的通频带 BW，则 $BW = \underline{\hspace{4cm}}$。显然，$RLC$ 串联谐振电路对频率具有 $\underline{\hspace{3cm}}$。Q 值越 $\underline{\hspace{2cm}}$，通频带越 $\underline{\hspace{2cm}}$，幅频特性曲线越 $\underline{\hspace{2cm}}$，电路的选择性越 $\underline{\hspace{3cm}}$。

通过原理的学习，回答如下问题。

(1)根据实验电路给出的元件参数值，估算电路的谐振频率。

(2)改变电路的哪些参数可以使电路发生谐振？电路中 R 的数值是否影响谐振频率值？

(3)如何判别电路是否发生谐振？测试谐振点的方案有哪些？

(4)电路发生串联谐振时，为什么输入电压不能太大？

五、实验内容、实验数据整理及分析

1. 测量谐振频率 f_0 及各元件电压

实验电路图及实验步骤简述

表2　谐振频率 f_0 下电路的电压测量数据

L(mH)	C(μF)	R(kΩ)	f_0(kHz)	U_{R0}(V)	U_{L0}(V)	U_{C0}(V)	计算 Q
30	0.1	0.2					
		1					

2. 测量 RLC 电路的幅频特性

实验步骤简述

表3　幅频特性曲线测量数据(C = 0.1 μF，L = 30 mH，R = 200 Ω)

f/f_0	0.1	0.2	0.3	0.4	0.5	0.6	0.7	0.8	0.9	1
f(kHz)										
U_R(V)										
f/f_0	1.1	1.2	1.4	1.7	2.1	2.7	4	6	10	
f(kHz)										
U_R(V)										

谐振频率 f_0 = _____ kHz，下限频率 f_L = _____ kHz，上限频率 f_H = _____ kHz，品质因数 Q = _____。

表4　幅频特性曲线测量数据(C = 0.1 μF，L = 30 mH，R = 1 kΩ)

f/f_0	0.1	0.2	0.3	0.4	0.5	0.6	0.7	0.8	0.9	1
f(kHz)										
U_R(V)										
f/f_0	1.1	1.2	1.4	1.7	2.1	2.7	4	6	10	
f(kHz)										
U_R(V)										

谐振频率 f_0 = _____ kHz，下限频率 f_L = _____ kHz，上限频率 f_H = _____ kHz，品质因数 Q = _____。

3. 根据实验数据，在同一坐标上绘出不同 R 值时的通用幅频特性曲线。

4. 根据测量数据及不同 R 值时的通用幅频特性曲线，说明不同 R 值对电路通频带与品质因数的影响。

六、实验注意事项

七、思考题

(1) 要提高 RLC 串联电路的品质因数，电路参数应如何改变？

(2) 谐振时，输出电压 U_{R0} 与输入电压 U_S 是否相等？对应的 U_{C0} 与 U_{L0} 是否相等？如有差异，原因何在？

八、实验结论

(由测量数据进行分析得出实验结论并适当讨论)

九、实验总结及心得体会

(对实验中遇到的问题、实验现象等进行分析讨论，总结实验的收获与体会)

实验原始数据记录(六)

1. 测定谐振频率 f_0

表1　在谐振频率 f_0 下电路的电压测量

$C(\mu F)$	$R(k\Omega)$	$f_0(kHz)$	$U_{R0}(V)$	$U_{L0}(V)$	$U_{C0}(V)$
0.1	0.2				
	1				

2. 测量 RLC 电路的幅频特性

表2　幅频特性曲线测量数据($C=0.1\ \mu F$，$L=30\ mH$，$R=200\ \Omega$)

f/f_0	0.1	0.2	0.3	0.4	0.5	0.6	0.7	0.8	0.9	1
$f(kHz)$										
$U_R(V)$										
f/f_0	1.1	1.2	1.4	1.7	2.1	2.7	4	6	10	
$f(kHz)$										
$U_R(V)$										

谐振频率 $f_0 =$ _____ kHz，下限频率 $f_L =$ _____ kHz，上限频率 $f_H =$ _____ kHz，品质因数 $Q =$ _____。

表3　幅频特性曲线测量数据($C=0.1\ \mu F$，$L=30\ mH$，$R=1\ k\Omega$)

f/f_0	0.1	0.2	0.3	0.4	0.5	0.6	0.7	0.8	0.9	1
$f(kHz)$										
$U_R(V)$										
f/f_0	1.1	1.2	1.4	1.7	2.1	2.7	4	6	10	
$f(kHz)$										
$U_R(V)$										

谐振频率 $f_0 =$ _____ kHz，下限频率 $f_L =$ _____ kHz，上限频率 $f_H =$ _____ kHz，品质因数 $Q =$ _____。

教师签名：_____

有限值)。理想电路模型如图 2-4-3(b)所示，其转移电导 $g = \dfrac{i_o}{u_i} = \dfrac{1}{R_1}$。在图 2-4-5 所示电路中，输入、输出无公共接地点，这种连接方式被称为浮地连接。

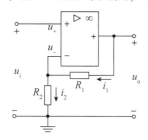 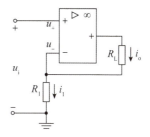

图 2-4-4　用运算放大器构成的 VCVS　　　　图 2-4-5　用运算放大器构成的 VCCS

(3)电流控制电压源(CCVS)。图 2-4-6 所示为采用运算放大器构成的电流控制电压源电路，电路为共地连接。由运算放大器的"虚短路"可知反相输入端虚地，即 $u_+ = u_- = 0$。根据运算放大器的"虚断路"特性及基尔霍夫电流定律可得，流过电阻 R 的电流等于电路的输入电流，即 $i_1 = i_i$，运算放大器的输出电压 $u_o = -Ri_i$。

电路的输出电压 u_o 受电路输入电流 i_i 的控制，其转移电阻为 $r = \dfrac{u_o}{i_i} = -R$。

(4)电流控制电流源(CCCS)。图 2-4-7 所示为采用运算放大器构成的电流控制电流源电路，电路为浮地连接。根据运算放大器的"虚短路"和"虚断路"特性，可知 $u_+ = u_- = 0$，$i_1 = i_i$，因而有 $i_2 = -\dfrac{R_1}{R_2}i_i$。根据基尔霍夫电流定律，可得 $i_o = i_2 - i_1 = -\left(1 + \dfrac{R_1}{R_2}\right)i_i$。

输出电流 i_o 受输入电流 i_i 的控制，而与负载阻值无关，其转移电流比为 $\beta = \dfrac{i_o}{i_i} = -\left(1 + \dfrac{R_1}{R_2}\right)$。

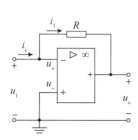 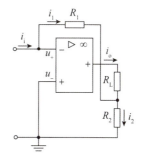

图 2-4-6　用运算放大器构成的 CCVS　　　　图 2-4-7　用运算放大器构成的 CCCS

三、实验内容与步骤

本实验将研究由运算放大器构成的几种基本受控电源。

1. 测量受控电源 VCVS 的特性

VCVS 实验电路如图 2-4-8 所示。连接好线路后，先对运算放大器调零：调节电源 u_S 的输出电压为零，测量此时的输出电压 u_2。若 u_2 不为零，则调节电位器 R_W，使 $u_2 = 0$。

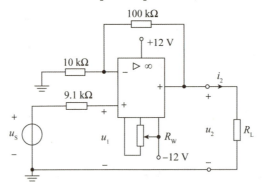

图 2-4-8　VCVS 实验电路

（1）测试 VCVS 的转移特性 $u_2 = f(u_1)$。

设置负载电阻 $R_L = 2$ kΩ，调节电源 u_S 的输出电压，使 u_1 按表 2-4-1 所列的给定值变化，测量相应的 u_2 值，将数据记入表 2-4-1 中。

（2）测试 VCVS 的负载特性 $u_2 = f(i_2)$。

调节 u_S，保持 $u_1 = 4$ V，将负载 R_L 从 1 kΩ 增至 ∞，测量对应阻值下的电压 u_2 和 i_2，将数据记入表 2-4-2 中。

表 2-4-1　VCVS 的转移特性测量数据

给定值	u_1(V)	0.50	1.00	1.50	2.00	2.50	3.00
测量值	u_2(V)						
计算值	$\mu = u_2/u_1$						

表 2-4-2　VCVS 的负载特性测量数据

R_L(kΩ)	1	2	4	8	10	∞
u_2(V)						
i_2(A)						

2. 测量受控电源 VCCS 的特性

VCCS 实验电路如图 2-4-9 所示。

（1）测量 VCCS 的转移特性 $i_2 = f(u_1)$。固定 $R_L = 10$ kΩ，调节电源 u_S 的输出电压，在 0～6 V 范围内取值。使 u_1 按表 2-4-3 所列的给定值变化，测量相应的输出电流 i_2，将数据记入表 2-4-3 中。

（2）测量 VCCS 的负载特性 $u_2 = f(i_2)$。调节电源 u_S 的输出电压，保持 $u_1 = 2$ V，令 R_L 从 0 增至 5 kΩ，测量对应阻值下的电压 u_2 和 i_2，将数据记入表 2-4-4 中。

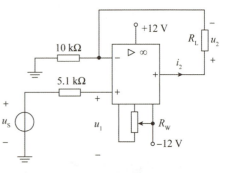

图 2-4-9　VCCS 实验电路

表 2-4-3　VCCS 的转移特性数据

给定值	$u_1(V)$	0.50	1.00	1.50	2.00	2.50	3.00
测量值	$i_2(V)$						
计算值	$g_m = i_2/u_1$						

表 2-4-4　VCCS 的负载特性数据

$R_L(k\Omega)$	0	1	2	3	4	5
$u_2(V)$						
$i_2(A)$						

3. 测量受控电源 CCVS 的特性

CCVS 实验电路如图 2-4-10 所示。

（1）测试 CCVS 的转移特性 $u_2 = f(i_1)$。

固定 $R_L = 2\ k\Omega$，调节电压源 u_S 的输出电压，改变输入电流 i_1，使其在 0 ~ 3.0 mA 范围内取值，测量 i_1 相应的输出电压 u_2，将数据记入表 2-4-5 中。

（2）测试 CCVS 的负载特性 $u_2 = f(i_2)$。

保持 $i_1 = 0.3\ mA$，负载电阻 R_L 从 1 kΩ 增至 ∞，测量对应阻值下的电压 u_2 和 i_2，将数据记入表 2 - 4 - 6 中。

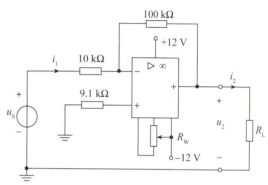

图 2-4-10　CCVS 实验电路

表 2-4-5　CCVS 的转移特性数据

给定值	$i_1(mA)$	0.50	1.00	1.50	2.00	2.50	3.00
测量值	$u_2(V)$						
计算值	$r_m = u_2/i_1$						

表 2-4-6　CCVS 的负载特性数据

$R_L(k\Omega)$	1	2	4	8	10	∞
$u_2(V)$						
$i_2(A)$						

4. 测量受控电源 CCCS 的特性

CCCS 实验电路如图 2-4-11 所示。

（1）$R_L = 2\ k\Omega$，调节电压源 u_S 的输出电压，使输入电流 i_1 在 0 ~ 0.8 mA 范围内取值，测量相应的 i_2 值，将数据记入表 2-4-7 中。

（2）调节电压源 u_S 的输出电压，使输入电流 $i_1 = 0.3\ mA$，令 R_L 从 0 增至 5 kΩ，测量对应阻值下的电压 u_2 和 i_2，将数据记入表 2-4-8 中。

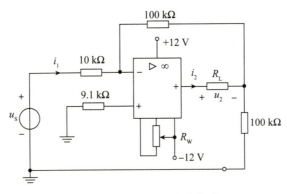

图 2-4-11　CCCS 实验电路

表 2-4-7　CCCS 的转移特性数据

给定值	i_1 (mA)	0.1	0.3	0.4	0.5	0.6	0.8
测量值	i_2 (mA)						
计算值	$\beta = i_2/i_1$						

表 2-4-8　CCCS 的负载特性数据

R_L (kΩ)	0	1	2	3	4	5
u_2 (V)						
i_2 (A)						

四、实验仪器仪表与设备

直流稳压电源　　　　　1 台

数字万用表　　　　　　1 台

直流电压表　　　　　　1 只

直流电流表　　　　　　1 只

运算放大器 μA741　　　1 只

30 kΩ 电位器　　　　　1 只

电阻、导线　　　　　　若干

五、实验注意事项

（1）正确连接运算放大器的正、负电源，运算放大器的±12 V 工作电源的极性切不可接错，以免损坏器件。

（2）运算放大器的输出端不能与地短接，输入端电压不得超过电源电压。

六、思考题

（1）受控电源与独立电源相比有何异同？

（2）4 种受控电源中的控制系数 μ、g、r 和 β 的意义分别是什么？如何测得？

（3）若令受控电源的控制量极性反向，试问其输出量极性是否会发生变化？

（4）受控电源的输出特性是否适用于交流信号？

七、实验总结

（1）根据实验测得的数据，计算受控电源的控制系数，在方格纸上分别绘出 4 种受控电源的转移特性。

（2）根据实验测得的数据，在方格纸上分别绘出 4 种受控电源的负载特性曲线。

（3）总结对 4 种受控电源的认识和理解，对实验的结果做出合理的分析，并得出结论。

📋 2.5　一阶电路过渡过程的研究

一、实验目的

（1）学习用示波器观察一阶电路的过渡过程。

（2）学习用示波器测量一阶电路时间常数的方法。

（3）了解有关微分电路和积分电路的概念。

（4）观察一阶电路阶跃响应和方波激励响应的规律和特点。

二、实验原理与说明

1. 一阶电路及其过渡过程

含有储能元件的电路被称为动态电路。当动态电路的特性可以用一阶微分方程描述时，称该电路为一阶电路。对处于稳态的动态电路，当电路结构或参数发生变化时，会引发电路中的过渡过程。

电路的过渡过程分为零输入响应、零状态响应和全响应 3 种情况。图 2-5-1（a）所示的一阶 RC 电路，全响应电容电压为

$$u_C(t) = U_m + [u_C(0_+) - U_m]e^{-\frac{t}{\tau}}$$

式中，$u_C(0_+)$ 为电容初始电压；U_m 为电容电压稳态值；$\tau = RC$ 为时间常数。

可见，一阶 RC 电路的零输入响应和零状态响应分别按指数规律衰减和增长，其变化的快慢取决于电路的时间常数 τ。

全响应可以看作是零输入响应和零状态响应的叠加。当 $u_C(0_+) = 0$，即电容初始储能为零时，有 $u_C(t) = U_m(1 - e^{-t/\tau})$，这就是仅由外加激励引起的零状态响应。当外加激励 $u_S = 0$ 时，有 $u_C(t) = u_C(0_+) e^{-t/\tau}$，这就是仅由电容初始储能引起的零输入响应。

当外加激励是阶跃信号时，电路的零状态响应被称为阶跃响应。一阶 RC 电路对方波脉冲序列的响应可以看作是多个阶跃响应的叠加。

动态电路的过渡过程是十分短暂的单次变化过程，对于时间常数较大的电路，可用超低频示波器观察其过渡过程。然而，若用一般的中频示波器观察过渡过程和测量有关的参数，则必须使这种单次变化的过渡过程重复出现。为此，实验中利用信号发生器输出的方波脉冲信号来模拟阶跃激励信号，即用方波输出的上升沿作为零状态响应的正阶跃激励信号；用方波下降沿作为零输入响应的负阶跃激励信号，只要选择方波的重复周期远大于电路的时间常数，可认为方波的某一边沿到来时，前一边沿所引起的过渡过程已经结束。电路在这样的方波序列脉冲信号激励下产生的过渡过程，和直流电源接通与断开的过渡过程是基本相同的。

2. 时间常数及其测量

在示波器上显示出响应波形后，可以由波形估算出电路的时间常数 τ。对于一阶 RC 电路的零状态响应，电容电压幅值上升到稳态值的 63.2% 对应的时间为一个 τ，零状态响应波形如图 2-5-1(b) 所示。对于零输入响应波形，电容电压幅值下降到初值的 36.8% 对应的时间为一个 τ，如图 2-5-1(c) 所示。

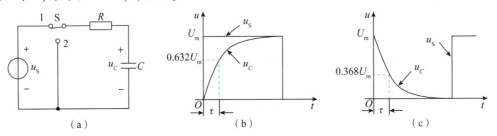

图 2-5-1 RC 电路及其时间常数的测量
(a)一阶 RC 电路；(b)零状态响应波形；(c)零输入响应波形

3. 微分电路和积分电路

微分电路和积分电路对电路元件参数和输入信号的周期有着特定的要求，是一阶 RC 电路中比较典型的电路。

若一阶 RC 电路的输出取自电阻两端的电压，即 $u_o = u_R$，u_S 是周期为 T 的方波脉冲序列。当满足 $\tau = RC \ll \dfrac{T}{2}$ 时，$u_R \ll u_C$，$u_C \approx u_S$，可得 $u_o = u_R = RC\dfrac{du_C}{dt} \approx RC\dfrac{du_S}{dt}$。此时电路的输出电压 u_o 与输入电压 u_S 的微分成正比，称之为 RC 微分电路，如图 2-5-2 所示。输入 u_S 与对应的输出 u_R 的波形如图 2-5-3 所示。

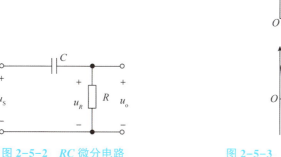

图 2-5-2　*RC* 微分电路

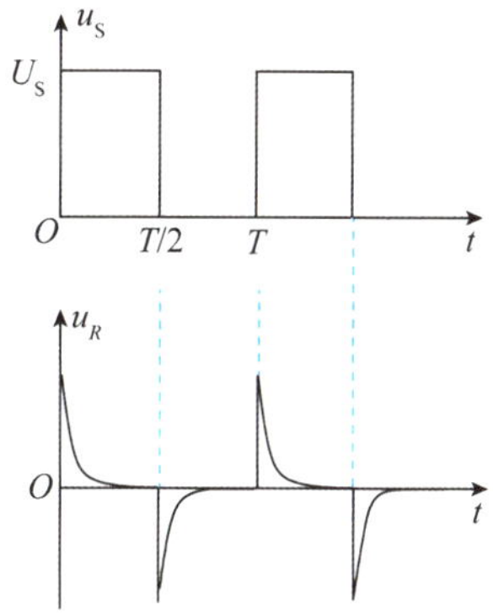

图 2-5-3　输入 u_s 与对应的输出 u_R 的波形

若一阶 *RC* 电路的响应 u_o 为电容电压 u_C，当满足 $\tau = RC \gg \dfrac{T}{2}$ 时，$u_C \ll u_R$，$u_s \approx u_R$，则

$u_o = u_C = \dfrac{1}{C}\int i_C \mathrm{d}t = \dfrac{1}{C}\int \dfrac{u_R}{R}\mathrm{d}t \approx \dfrac{1}{RC}\int u_s \mathrm{d}t$。此时电路的输出电压 u_o 与输入电压 u_s 的积分成正比，称之为*RC* 积分电路，如图 2-5-4 所示。输入 u_s 与输出电容电压 u_C 的波形如图 2-5-5 所示。

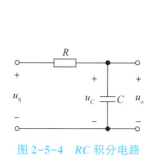

图 2-5-4　*RC* 积分电路

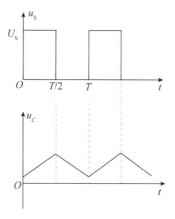

图 2-5-5　输入 u_s 与输出电容电压 u_C 的波形

综上所述，从输入和输出波形来看，图 2-5-2 和图 2-5-4 所示的两个电路均起到波形变换的作用，请在实验过程中仔细观察与记录。

三、实验内容与步骤

准备实验所需的方波信号。调节函数信号发生器，使其输出图 2-5-6 所示含直流分量的方波电压信号 u_s，幅度 $U_s = 3\ \mathrm{V}$，频率 $f = 2\ \mathrm{kHz}$。

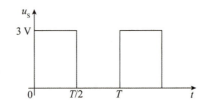

图 2-5-6　含直流分量的方波电压信号

1. 观测 RC 电路充、放电过程及时间常数的测定

实验电路如图 2-5-7 所示。将信号源 u_S 和响应 u_C 分别接入示波器的两个输入通道 CH1 和 CH2，观察测量 u_C 的波形。

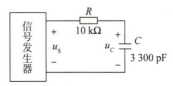

图 2-5-7　一阶 RC 实验电路

（1）测量一阶 RC 电路时间常数，并记录。

（2）观察一个周期的电容电压 u_C 波形，测量并记录。

① $t = 60\ \mu s$ 时的电容电压值。

② 电容电压由 0 充电到 $u_C = 2.8\ V$ 时所需要的时间 t。

（3）绘制一个周期的电压响应 u_C 波形。

（4）改变 R 及 C 的值，定性观察其对响应 u_C 的影响，并记录。

2. 积分电路、微分电路的响应

（1）积分电路。取 $R = 10\ k\Omega$、$C = 0.047\ \mu F$，按图 2-5-8 所示接线。用示波器观察激励 u_S 和响应 u_C 的波形，在同一平面绘制一个周期的激励 u_S 和响应 u_C 的波形。继续增大 C 的值，定性观察对响应 u_C 的影响，说明利用该电路可以实现怎样的波形变换。

（2）微分电路。取 $C = 0.01\ \mu F$、$R = 1\ k\Omega$，按图 2-5-9 所示接线，用示波器观察激励 u_S 和响应 u_R 的波形，在同一平面描绘出激励 u_S 及响应 u_C 的波形。继续增加 R 的值，定性观察对响应 u_R 的影响，说明利用该电路可以实现怎样的波形变换。

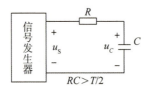

图 2-5-8　RC 积分电路

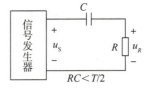

图 2-5-9　RC 微分电路

四、实验仪器仪表与设备

函数信号发生器　　　　　　1 台

双踪示波器	1 台
电阻	若干
电容	若干
20 kΩ 电位器	1 只

五、实验注意事项

（1）数字示波器的探头已将输入信号衰减为 1/10，开机后需对示波器进行探头补偿。在示波器输入通道的探头设置菜单中，将探头衰减常数设置为 1∶10。

（2）数字示波器加载输入信号后，选择"Auto Scale"按钮，示波器会针对输入波形自动设置示波器控件。

（3）函数信号发生器的接地端与示波器的接地端要连接在一起。

六、思考题

（1）已知一阶 RC 电路中 $R = 10\ \text{k}\Omega$，$C = 3\ 300\ \text{pF}$，试计算时间常数 τ，并根据 τ 值的物理意义，拟定测定 τ 的方案。

（2）何谓积分电路和微分电路？它们必须具备什么条件？在方波序列脉冲的激励下，它们的输出信号波形的变化规律如何？

（3）在 RC 电路中，当 R 或 C 的值变化时，对电路的响应有何影响？

七、实验总结

（1）分析时间常数 τ 与方波脉冲宽度的关系，将时间常数测量值与理论计算值做比较，分析误差原因。

（2）整理测量数据，在坐标纸上绘出各响应波形。

（3）归纳总结电路元件参数的变化，以及其对响应变化趋势的影响，分析电路的特点及功能。

2.6　二阶电路过渡过程的研究

一、实验目的

（1）研究电路参数对二阶电路响应的影响。

（2）观察、分析二阶电路在过阻尼、临界阻尼和欠阻尼 3 种情况下的响应波形及其特点，加深对二阶电路响应的认识与理解。

（3）学习测量二阶电路衰减振荡的角频率和阻尼系数，了解电路参数对它们的影响。

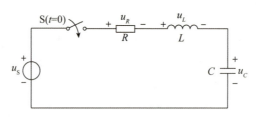

图 2-6-1　二阶 *RLC* 串联电路

二阶电路是用二阶微分方程来描述和求解的电路。图 2-6-1 所示的二阶 *RLC* 串联电路，以电容电压 u_C 为变量，电路的动态方程为

$$LC\frac{\mathrm{d}^2 u_C}{\mathrm{d}t^2} + RC\frac{\mathrm{d}u_C}{\mathrm{d}t} + u_C = u_S$$

特征方程为
$$LCp^2 + RCp + 1 = 0$$

可求得特征根
$$p_1 = -\frac{R}{2L} + \sqrt{\left(\frac{R}{2L}\right)^2 - \frac{1}{LC}}, \quad p_2 = -\frac{R}{2L} - \sqrt{\left(\frac{R}{2L}\right)^2 - \frac{1}{LC}}$$

当 $R > 2\sqrt{\dfrac{L}{C}}$ 时，p_1、p_2 为两个不相等的负实根，过渡过程为非振荡放电过程；当 $R = 2\sqrt{\dfrac{L}{C}}$ 时，p_1、p_2 为两个相等的负实根，过渡过程为临界非振荡过程；当 $R < 2\sqrt{\dfrac{L}{C}}$ 时，p_1、p_2 为共轭复数根（实部为负数），过渡过程为衰减振荡过程。

对于衰减振荡过程，响应可设为 $u_C(t) = Ae^{-\delta t}\sin(\omega_\mathrm{d} t + \theta)$，电路的衰减系数为 $\delta = \dfrac{R}{2L}$，电路衰减振荡角频率 $\omega_\mathrm{d} = \sqrt{\dfrac{1}{LC} - \delta^2}$。可用示波器观察振荡响应波形，从而测量出衰减系数 δ 和振荡角频率 ω_d。在 *RLC* 串联电路中，电容电压 u_C 的衰减振荡波形如图 2-6-2 所示，测量出响应曲线两个相邻的最大值之间的距离，确定振荡周期 $T = t_2 - t_1$，从而求得阻尼振荡角频率 $\omega_\mathrm{d} = \dfrac{2\pi}{T} = \dfrac{2\pi}{t_2 - t_1}$。再测出任意相邻两个最大值 F_{m1}、F_{m2}，可求得衰减系数 $\delta = \dfrac{1}{T}\ln\dfrac{F_{\mathrm{m1}}}{F_{\mathrm{m2}}}$。

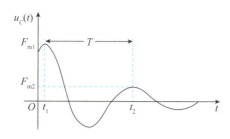

图 2. 6. 2 衰减振荡波形

三、实验内容与步骤

实验电路如图 2-6-3 所示，取 R 为 10 kΩ 电位器，$L=4.7$ mH，$C=1000$ pF。调节函数信号发生器，使其输出图 2-6-4 所示幅值 $U_S=3$ V、频率 $f=1$ kHz 的方波脉冲信号。

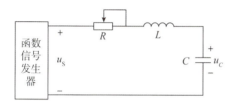

图 2-6-3 二阶 RLC 实验电路

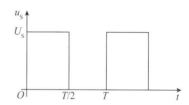

图 2-6-4 含直流分量的方波信号

1. 观察二阶 RLC 电路的零状态响应

调节电位器 R 的值，观察二阶 RLC 电路的零状态响应 $u_C(t)$ 由非振荡过渡过程到临界非振荡过程，最后到振荡过渡过程的变化过程，分别定性描绘、记录响应的典型变化波形。

2. 测量衰减系数 δ 和振荡频率 ω_d

调节电位器 R 使电路处于稳定的振荡过渡过程。测量电阻 R 的阻值，描绘 $u_C(t)$ 的衰减振荡波形，测量响应曲线振荡周期 T、任意相邻两个最大值 F_{m1} 和 F_{m2}、电路的衰减系数 δ 和振荡角频率 ω_d，将数据记入表 2-6-1 中。

表 2-6-1 衰减振荡过程的波形参数测量数据

元件参数			测量值				
$R(\text{k}\Omega)$	$L(\text{mH})$	C	$F_{m1}(\text{V})$	$F_{m2}(\text{V})$	$T(\text{s})$	δ	ω_d
	4.7	1 000 pF					
	4.7	3 300 pF					
	4.7	0.01 μF					

四、实验仪器仪表与设备

函数信号发生器	1 台
双踪示波器	1 台
4.7 mH 电感	1 只

1 000 pF 电容	1 只
3 300 pF 电容	1 只
0.01 μF 电容	1 只
10 kΩ 电位器	1 只

五、实验注意事项

(1)数字示波器加载输入信号后,选择"Auto Scale"按钮,示波器会针对输入波形自动设置示波器控件。

(2)为防止外界干扰,函数信号发生器的接地端与示波器的接地端要连接在一起。

六、思考题

(1)根据二阶电路实验线路元件的参数,计算出处于临界阻尼状态的 R 值。

(2)如何用示波器测得二阶电路零输入响应衰减振荡过程的衰减系数 δ 和振荡角频率 ω_d?

七、实验总结

(1)根据实验观测结果,在坐标纸上按比例描绘二阶 RLC 电路过阻尼、临界阻尼和欠阻尼的响应波形。

(2)计算衰减振荡曲线上的衰减系数 δ 和振荡角频率 ω_d。

(3)归纳、总结电路元件参数的改变对响应变化趋势的影响。

2.7 交流电路等效参数的测量

一、实验目的

(1)学习常用交流仪器仪表的使用方法。

(2)熟悉交流电路实验的基本操作方法。

(3)掌握测定交流电路等效参数的简单方法,加深对阻抗、阻抗角及相位差等概念的理解。

二、实验原理与说明

正弦稳态电路的等效参数有电阻、电容和电感，实际电路通常不会呈现单一参数的特性。正弦激励下无源一端口电路的阻抗可表示为 $Z = |Z| \angle \varphi = R + jX$，其等效电路可以用两个电路元件串联表示：一个元件为电阻 R，另一个元件为储能元件（可以为电容或电感，应根据电抗 X 的性质来决定，当 $X > 0$ 时为电感元件，当 $X < 0$ 时为电容元件）。

1. 三表法测阻抗

三表法是用交流电压表、交流电流表及功率表，测量被测无源一端口电路的端电压 U、电流 I 及其所消耗的功率 P，如图 2-7-1 所示。可根据下列公式计算得到测量的交流电路参数

阻抗模 $$|Z| = \frac{U}{I}$$

功率因数 $$\cos\varphi = \frac{P}{UI}$$

等效电阻 $$R = |Z|\cos\varphi$$
等效电抗 $$X = |Z|\sin\varphi$$

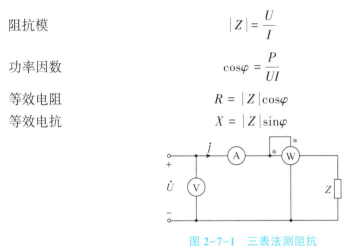

图 2-7-1　三表法测阻抗

若被测电路为感性，则 $X > 0$，等效电感为 $L = \dfrac{X}{\omega} = \dfrac{X}{2\pi f}$；若被测电路为容性，则 $X < 0$，等效电容为 $C = \dfrac{1}{|\omega X|} = \dfrac{1}{|2\pi f X|}$。

2. 阻抗性质的判别方法

被测无源一端口电路，可能是容性，也可能是感性，可以用测得的电压 U、电流 I 和平均功率 P 这 3 个数值求得等效电阻 $R = |Z|\cos\varphi$，等效电抗 $X = |Z|\sin\varphi$，但无法判定被测电路是容性还是感性。实际中可采用以下方法确定阻抗的性质。

（1）并联电容法。在被测电路两端并联一只适当容量的试验电容 C_1，如图 2-7-2 所示，维持端口电压 U 不变，若并联电容后电路中电流表的读数增大，则被测电路为容性；若电流表的读数减小，则被测电路为感性。试验电容 C_1 应满足以下条件

$$C_1 < \frac{2\sin\varphi}{|Z|\omega}$$

式中，$|Z|$ 为被测一端口电路的阻抗模；φ 为阻抗角；ω 为电源角频率。

该电路在并联电容前，电路总电流 $\dot{I} = \dot{I}_Z$，并联试验电容 C_1 后，负载电流 $\dot{I}_Z$ 不变，电路总电流 $\dot{I} = \dot{I}_Z + \dot{I}_C$。端口电压 $\dot{U}$ 维持不变的条件下，并联电容后，电路总电流会发生变化。

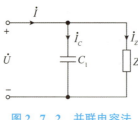

图 2.7.2 并联电容法

① 若负载 Z 为容性，电流相量图如图 2-7-3(a) 所示，由相量图可看出，$I > I_Z$，即并联电容 C_1 后，总电流变大。

② 若被测阻抗 Z 为感性，由如图 2-7-3(b) 所示相量图可看出，当 $I_C < 2I_Z\sin\varphi$ 时，有 $I < I_Z$，即并联试验电容后总电流 I 减小；随着并联电容 C_1 增加，总电流 I 逐渐增大，当 $I_C > 2I_Z\sin\varphi$ 时，则 $I > I_Z$，即并联试验电容后总电流 I 增大，电流相量图如图 2-7-3(c) 所示。

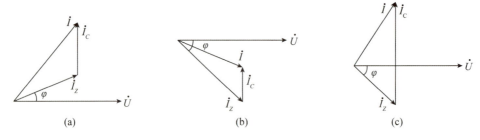

2.7.3 并联电容法相量图

由以上分析可知，当被测阻抗 Z 为容性时，并联电容后，总电流都增加，对并联电容 C_1 无特殊要求；而当被测阻抗 Z 为感性时，并联电容后，当 $I_C < 2I_Z\sin\varphi$，即 $C_1 < \dfrac{2\sin\varphi}{|Z|\omega}$ 时，总电流减小，才有判定为感性的意义。

(2) 串联电容法。为被测元件串联一个适当容量的试验电容 C_1，若被测阻抗的端电压下降，则被测阻抗为容性；若端电压上升，则被测阻抗为感性。试验电容值 C_1 应满足以下条件

$$\frac{1}{\omega C_1} < X$$

式中，X 为被测阻抗的电抗值，此关系式可自行证明。

(3) 用示波器观察阻抗 Z 的电压、电流的相位关系，若电压超前，则阻抗为感性；反之则为容性。

(4) 用功率因数表或数字式相位仪测量功率因数 $\cos\varphi$ 和阻抗角，若读数超前，则阻抗

为容性；反之则为感性。

三、实验内容与步骤

（1）按图2-7-4所示接好实验电路，被测阻抗 Z 分别为 RL 串联、RC 串联、RLC 串联、LC 并串联再与 R 串联4种组合。电阻 R 为25 W白炽灯，电感 L 为日光灯镇流器，电容 C 为2.2 μF。测量被测阻抗电压 U、电流 I、有功功率 P。数据记入表2-7-1中。

（2）用并联电容法判别被测阻抗性质。

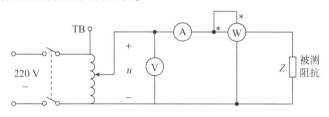

图 2-7-4   三表法测阻抗等效参数实验电路

表 2-7-1   三表法测阻抗等效参数测量数据

被测阻抗	测量值			被测阻抗性质	计算值				
	U(V)	I(A)	P(W)		Z (Ω)	$\cos\varphi$	R(Ω)	L(mH)	C(μF)
RL 串联				感性					
RC 串联				容性					
RLC 串联									
LC 并联再与 R 串联									

四、实验仪器仪表与设备

三相自耦调压器　　　　　　1台
交流电压表　　　　　　　　1只
交流电流表　　　　　　　　1只
功率表　　　　　　　　　　1只
220 V/25 W 灯泡　　　　　　1只
日光灯镇流器　　　　　　　1只
电容　　　　　　　　　　　若干

五、实验注意事项

（1）实验用220 V交流电源供电，实验中要特别注意人身安全，不可用手直接触摸通电线路的裸露部分，以免触电。

（2）自耦调压器在接通电源前，应将其手柄置在零位上（逆时针旋到底）。调节时，使其输出电压从零开始，逐渐升高。每次改接实验线路或实验完毕，都必须先将其手柄慢慢调回零位，再切断电源。必须严格遵守这一安全操作规程。

六、思考题

（1）在 50 Hz 的交流电路中，测得一只铁芯线圈的 P、I 和 U，如何计算它的阻值及电感量？

（2）如何用串联电容的方法来判别阻抗的性质？试用电流 I 随串联试验电容容抗 X_C 的变化关系进行定性分析，证明串联试验电容 C' 应满足

$$\frac{1}{\omega C'} < 2X$$

式中，X 为被测阻抗的电抗值。

七、实验总结

（1）整理实验数据，计算各被测阻抗的等效参数，写明计算过程。

（2）总结功率表的使用方法。

（3）总结对三表法的认识和理解，对实验的结果做出合理的分析，并得出结论。

2.8 日光灯电路及其功率因数的提高

一、实验目的

（1）了解日光灯电路的工作原理，掌握日光灯电路的接线方法。

（2）了解改善电路功率因数的意义及方法。

二、实验原理与说明

1. 日光灯电路的工作原理

日光灯电路由灯管、镇流器和启辉器 3 个部分构成，如图 2-8-1 所示。灯管内壁均匀涂有荧光物质，两端各有一个灯丝和电极，灯丝上涂有受热后易于发射电子的氧化物，管内充有稀薄的惰性气体（如氩、氖等）和少量的水银蒸气。当在两电极间加上一定的电压后，灯管发生弧光放电，产生紫外线，激发荧光粉辐射可见光。镇流器是一个带铁芯的电感线圈，在日光灯启动时感应一个高电压，促使灯管放电导通，在日光灯正常工作时起限制电

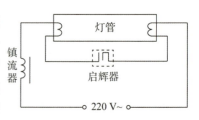

图 2-8-1 日光灯电路

流的作用。启辉器由一个固定电极和一个内充氖气、装有双金属片可动电极的玻璃泡组成。当接通电源时，灯管还没放电，启辉器的电极处于断开位置，此时电路中没有电流，电源电压全部加在启辉器的两个电极上，电极间产生辉光放电，可动电极的双金属片受热弯曲，碰上固定电极而接通电路，使灯管灯丝流过电流，发射电子。电路接通后，辉光放电停止，电极也逐渐冷却并分开恢复原状。在电极分开瞬间，镇流器产生自感电动势，与外加电压一起加在灯管两端，使灯管产生弧光放电，灯管内壁荧光粉便发出近似日光的可见光。日光灯正常工作时，灯管两端的电压较低，不足以使启辉器再次产生辉光放电，因此启辉器仅在启动过程中起作用。

2. 功率因数的提高

(1)提高功率因数的意义。

当电路(系统)的功率因数 $\cos\varphi$ 较低时，会带来两个方面的问题：一是在设备的容量一定时，会使设备(如发电机、变压器等)的容量得不到充分利用；二是在负载有功功率不变的情况下，会使线路上的电流增大，线路损耗增加，导致传输效率降低。因此，提高电路(系统)的功率因数有着十分重要而显著的经济意义。

(2)提高功率因数的方法。

要提高功率因数，通常可以根据负载的性质在电路中接入适当的电抗元件，即接入电容或电感。由于实际的负载(如电动机、变压器等)大多为感性的，所以在工程应用中一般采用在负载端并联电容的方法，用电容中容性电流补偿感性负载中的感性电流，从而提高功率因数。

(3)无功补偿时的3种情况。

进行无功补偿时会出现3种情况，即欠补偿、全补偿和过补偿。欠补偿是指接入电抗元件后，电路的功率因数提高，但功率因数小于1，且电路等效阻抗的性质不变。全补偿是指将电路的功率因数提高并等于1。过补偿是指进行无功补偿后，电路的等效阻抗的性质发生了改变，即感性电路变为容性电路，或者容性电路变为感性电路。从经济的角度考虑，在工程应用中，一般采用的是欠补偿。

正常工作时，由于镇流器电感线圈串联在电路中，所以日光灯是一种感性负载。为了改善日光灯电路的功率因数，可在日光灯两端并联补偿电容。

三、实验内容与步骤 》

1. 日光灯电路的测量

按图 2-8-2 所示电路的接线，接好日光灯电路(不接入并联电容 C 支路)，接通电源后，将自耦调压器输出电压由 0 V 逐步调至 220 V，观察日光灯的启辉情况。

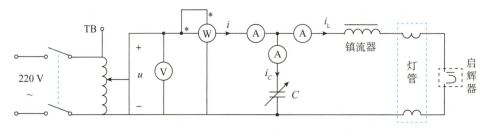

图 2-8-2　日光灯及提高功率因数的实验线路

在不并联电容 C 的情况下，测量有功功率 P、功率因数 $\cos\varphi$、镇流器功率 P_L、镇流器功率因数 $\cos\varphi_L$、电流 I、电压 U、镇流器电压 U_L 及灯管电压 U_A，将数据记入表 2-8-1 中。

表 2-8-1　日光灯电路测量数据表

	$P(\text{W})$	$\cos\varphi$	$P_L(\text{W})$	$\cos\varphi_L$	$I(\text{A})$	$U(\text{V})$	$U_L(\text{V})$	$U_A(\text{V})$
正常工作值								

2. 功率因数提高

接入并联电容 C，调节电容 C 的值，使电路负载端的功率因数逐步提高，直至电路呈容性。测量不同 C 值时电路的功率 P、电压 U、电流 I、日光灯电流 I_L、电容电流 I_C 及功率因数 $\cos\varphi$，将数据记入表 2-8-2 中。

表 2-8-2　并联电容 C 提高日光灯电路功率因数测量数据

电容值(μF)	$P(\text{W})$	$U(\text{V})$	$I(\text{A})$	$I_L(\text{A})$	$I_C(\text{A})$	$\cos\varphi$
0						
1.0						
2.0						
3.0						
4.2						
4.7						
5.7						
6.7						
7.7						

四、实验仪器仪表与设备

三相自耦调压器	1 台
交流电压表	1 只
交流电流表	1 只
功率表	1 只
日光灯组件	1 套
电容	若干

五、实验注意事项

(1)实验用 220 V 交流电源供电，务必注意用电和人身安全，必须严格遵守先接线、后通电，先断电、后拆线的实验操作原则。每次接线完毕，应自查一遍，方可接通电源。

（2）电源电压应与日光灯电压的额定值 220 V 相符，切勿接到 380 V 电源上。

（3）如果线路接线正确，日光灯不能启辉时，应检查启辉器及其他线路是否接触良好。

六、思考题

（1）在日常生活中，当日光灯上缺少了启辉器时，人们常用一根导线将启辉器的两端短接一下，然后迅速断开，使日光灯点亮，或者用一只启辉器去点亮多只同类型的日光灯，这是为什么？

（2）为了提高电路的功率因数，常在感性负载上并联电容，此时增加了一条电流支路，试问电路的总电流是增大还是减小？此时感性元件上的电流和功率是否改变？

（3）提高电路功率因数为什么只采用并联电容法，而不用串联法？并联的电容是否越大越好？

七、实验总结

（1）选择表 2-8-2 中并联电容 C 不为零时的一组实验数据，绘出电流相量图，验证相量形式的基尔霍夫电流定律。

（2）讨论并总结改善电路功率因数的意义和方法，画出功率因数随并联电容 C 变化的曲线 $\cos\varphi = f(C)$。

（3）总结连接日光灯线路的心得体会。

2.9　串联谐振电路的研究

一、实验目的

（1）测量 RLC 串联电路的幅频特性、通频带及品质因数 Q。

（2）观察 RLC 串联电路谐振现象，加深对其谐振条件和特点的理解。

二、实验原理与说明

1. RLC 串联谐振

图 2-9-1 所示的 RLC 串联电路，电路的复阻抗为 $Z = R + j\left(\omega L - \dfrac{1}{\omega C}\right)$，式中电阻 R 应

包含电感线圈的内阻 r_L，即 $R = R_1 + r_L$。电路电流为 $\dot{I} = \dfrac{\dot{U}_S}{Z} = \dfrac{\dot{U}_S}{R + j\left(\omega L - \dfrac{1}{\omega C}\right)}$。当调节电路

参数（L 或 C）或改变电源的角频率 ω 时，电路电流 I 的大小和相位都会发生变化。

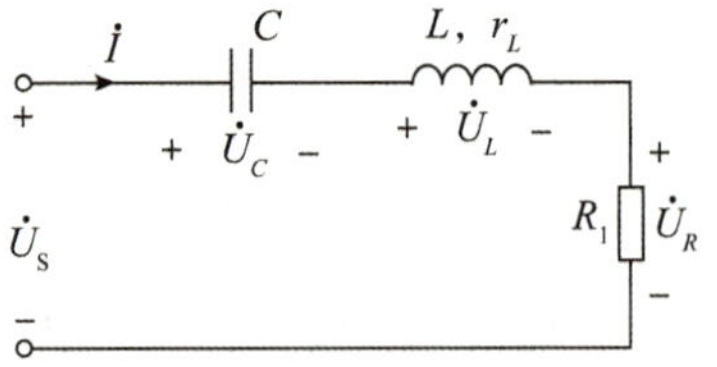

图 2-9-1 RLC 串联电路

当 $\omega L - \dfrac{1}{\omega C} 0$ 时，$Z = R$，$\dot{U}_S$ 与 $\dot{I}$ 同相，电路发生串联谐振，谐振角频率为 $\omega_0 = \dfrac{1}{\sqrt{LC}}$，谐

振频率为 $f_0 = \dfrac{1}{2\pi\sqrt{LC}}$。此时，回路阻抗最小且为电阻性，$Z = R$；在输入电压 U_S 为定值时，

电路中的电流 I 达到最大值，且与输入电压 U_S 同相位。

显然，谐振频率 f_0 仅与元件参数 L、C 的大小有关，而与电阻 R 的大小无关。当 $f = f_0$ 时，
电路呈阻性，电路产生谐振；当 $f < f_0$ 时，电路呈容性；当 $f > f_0$ 时，电路呈感性。

当 RLC 电路串联谐振时，电感电压和电容电压大小相等，方向相反，且有可能大于外施
电压，所以串联谐振又被称为电压谐振。电感电压或电容电压与电源电压之比为品质因数 Q：

$$Q = \frac{U_L}{U_S} = \frac{U_C}{U_S} = \frac{\omega_0 L}{R} = \frac{1}{\omega_0 RC} = \frac{1}{R}\sqrt{\frac{L}{C}}$$

式中，$\sqrt{\dfrac{L}{C}}$ 为谐振电路的特征阻抗，在串联谐振电路中，$\sqrt{\dfrac{L}{C}} = \omega_0 L = \dfrac{1}{\omega_0 C}$。显然，当电路的

参数 L、C 不变时，不同的 R 值将得到不同的 Q 值。

2. RLC 串联电路的幅频特性

当信号源的频率 f 改变时，电路中的感抗、容抗随之改变，电路中的电流也随频率 f 改
变。在图 2-9-1 所示电路中，电阻 R_1 上的端电压 U_R 大小与信号源角频率 ω 之间的关系为

$$U_R = \frac{R_1 U_S}{\sqrt{R^2 + \left(\omega L - \dfrac{1}{\omega C}\right)^2}} = \frac{(R_1/R) \cdot U_S}{\sqrt{1 + Q^2\left(\dfrac{f}{f_0} - \dfrac{f_0}{f}\right)^2}}$$

根据上式，可以定性画出 U_R 随频率 f 变化的幅频特性曲线，如图 2-9-2 所示。设谐振
时电阻 R_1 上的电压为 U_{R0}，可得电路的通用幅频特性表达式：

$$\frac{U_R}{U_{R0}} = \frac{R}{\sqrt{R^2 + \left(\omega L - \dfrac{1}{\omega C}\right)^2}} = \frac{1}{\sqrt{1 + Q^2\left(\dfrac{f}{f_0} - \dfrac{f_0}{f}\right)^2}}$$

当电路参数 L 和 C 保持不变时，改变 R_1 的大小，可以得到 RLC 串联电路通用幅频特性
曲线，如图 2-9-3 所示。

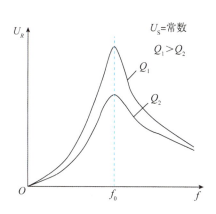

图 2-9-2　U_R 随 f 变化的幅频特性曲线

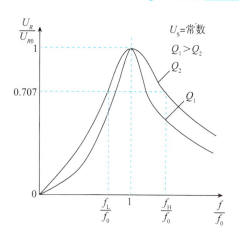

图 2-9-3　RLC 串联电路通用幅频特性曲线

规定 $\dfrac{U_R}{U_{R0}} = \dfrac{1}{\sqrt{2}}$ 时所对应的两个频率 f_L 和 f_H 分别为下限频率和上限频率，$\dfrac{U_R}{U_{R0}} \geq \dfrac{1}{\sqrt{2}}$ 的频率范围为电路的通频带 BW，则 $BW = f_H - f_L = \dfrac{f_0}{Q}$。

显然，RLC 串联电路对信号频率具有选择性。Q 值越大，通频带越窄，幅频特性曲线越尖锐，电路的选择性越好。

3. 电路品质因数 Q 值的两种测量方法

方法一：根据 RLC 串联谐振电路的品质因数定义，分别测定谐振时电源电压 U_S、电容 C 上的电压 U_{C0}，可计算品质因数 $Q = \dfrac{U_{C0}}{U_S}$。

方法二：分别测定 RLC 串联谐振电路的谐振频率 f_0、上限频率 f_H 和下限频率 f_L，得到谐振曲线的通频带 $BW = f_H - f_L$，可计算品质因数 $Q = \dfrac{f_0}{BW}$。

三、实验内容与步骤

1. RLC 串联谐振电路的测量

(1)测量谐振频率 f_0。

实验电路如图 2-9-4 所示，取 $R = 200\ \Omega$、电容 $C = 0.1\ \mu F$、电感 $L = 30\ mH$，按图接线。信号发生器输出有效值为 1 V 的正弦波信号。用双踪示波器观察信号发生器输出电压 u_S 及电阻电压 u_R 的波形，测量其相位差。调节信号发生器的频率由小逐渐变大，当 u_S 和 u_R 的相位差为零时，即电路发生谐振，信号发生器显示的频率为谐振频率 f_0，将此谐振频率记入表 2-9-1 中。

(2)测量谐振时的电阻电压 U_{R0}、电感电压 U_{L0}、电容电压 U_{C0}。

在谐振频率 f_0 下，调节信号源输出电压 u_S 有效值为 1 V，用交流毫伏表测量电阻 R 的电

压 U_{R0}，记入表 2-9-1 中。分别将电感 L 和电阻 R 的位置互换、电容 C 和电阻 R 的位置互换，以保证被测元件的一端与信号发生器共地，用交流毫伏表测量谐振时的电感电压 U_{L0}、电容电压 U_{C0}，记入表 2-9-1 中。根据测量数据，计算表中所列的品质因数 Q。

（3）改变电阻值，取 $R=1$ kΩ，重复步骤（1）、（2）的测量过程，将数据记入表 2-9-1 中。

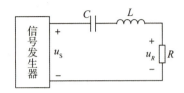

图 2-9-4　RLC 串联谐振实验电路

表 2-9-1　在谐振频率 f_0 下电路的电压测量数据

L(mH)	C(μF)	R(kΩ)	f_0(kHz)	U_{R0}(V)	U_{L0}(V)	U_{C0}(V)	计算 Q
30	0.1	0.2					
		1					

2. 测量 RLC 电路的幅频特性

（1）实验电路仍如图 2-9-4 所示，电阻 $R=200$ Ω、电容 $C=0.1$ μF、电感 $L=30$ mH。在整个实验过程中，保持信号发生器的输出电压有效值为 1 V，以谐振点为中心，左右各扩展 9 个测试点。用交流毫伏表分别测量不同频率的电阻电压 U_R，测量电路的上限频率 f_H 和下限频率 f_L，并计算品质因数 Q，将数据记入表 2-9-2 中。

（2）取 $R=1$ kΩ，重复步骤（1）的测量过程，将数据记入表 2-9-3 中。

表 2-9-2　幅频特性曲线测量数据（$C=0.1$ μF，$L=30$ mH，$R=200$ Ω）

f/f_0	0.1			1				10
f(kHz)								
U_R(V)								

谐振频率 $f_0=$ _____ kHz，下限频率 $f_L=$ _____ kHz，上限频率 $f_H=$ _____ kHz，品质因数 $Q=$ _____。

表 2-9-3　幅频特性曲线测量数据（$C=0.1$ μF，$L=30$ mH，$R=1$ kΩ）

f/f_0	0.1			1				10
f(kHz)								
U_R(V)								

谐振频率 $f_0=$ _____ kHz，下限频率 $f_L=$ _____ kHz，上限频率 $f_H=$ _____ kHz，品质因数 $Q=$ _____。

四、实验仪器仪表与设备

函数信号发生器　　　　1 台

双踪示波器　　　　　　1 台

交流毫伏表　　　　　　1 台

200 Ω 电阻　　　　　　1 只

1 kΩ 电阻　　　　　　1 只

0.1μF 电容	1 只
30 mH 电感	1 只

五、实验注意事项

(1)函数信号发生器有内阻，在改变函数信号发生器的频率时，应及时调整信号输出幅度，使其输出电压有效值维持在 1 V 不变。

(2)测量谐振频率时，示波器要与信号发生器共地。

(3)测量电压时，交流毫伏表要与信号发生器共地。

六、思考题

(1)根据实验电路的元件参数值，估算电路的谐振频率。

(2)改变电路的哪些参数可以使电路发生谐振？电路中 R 的数值是否影响谐振频率值？

(3)如何判别电路是否发生谐振？测试谐振点的方案有哪些？

(4)电路发生串联谐振时，为什么输入电压不能太大？

(5)要提高 RLC 串联电路的品质因数，电路参数应如何改变？

(6)谐振时输出电压 U_0 与输入电压 U_S 是否相等？对应的 U_{C0} 与 U_{L0} 是否相等？如有差异，原因何在？

七、实验总结

(1)根据测量数据，绘出不同 R 值时的两条谐振曲线。

(2)计算出通频带与 Q 值，说明不同 R 值对电路通频带与品质因数的影响。

(3)总结、归纳串联谐振电路的特性。

2.10 *RC* 选频网络频率特性的测试

一、实验目的

(1)了解文氏电桥电路的结构特点及其应用。

(2)研究 RC 选频网络的频率特性。

(3)学会用半对数坐标绘制频率特性曲线。

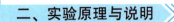

二、实验原理与说明 ≫

1. 文氏电桥电路

文氏电桥电路是一个 RC 串并联选频电路，如图 2-10-1(a) 所示。该电路结构简单，广泛用于低频振荡电路中的选频环节，可以获得高纯度的正弦波信号。该电路的一个突出特点是其输出电压幅度不仅会随输入电压的频率改变，而且还会出现一个与输入电压同相位的最大值。

在输入端输入幅值恒定的正弦电压 $\dot{U}_i$，当 $\dot{U}_i$ 的频率变化时，输出端得到的输出电压 $\dot{U}_o$ 的变化可从两方面来看。在频率较低的情况下，即当 $\dfrac{1}{\omega C} \gg R$ 时，可将图 2-10-1(a) 所示的电路近似看成图 2-10-2(b) 所示的低频等效电路。ω 越低，$\dot{U}_o$ 的幅度越小，其相位越超前于 $\dot{U}_i$。当 ω 趋近于 0 时，$|\dot{U}_o|$ 趋近于 0，$\dot{U}_o$ 超前于 $\dot{U}_i$ 接近 +90°。当频率较高时，即当 $\dfrac{1}{\omega C} \ll R$ 时，可将图 2-10-1(a) 所示的电路近似看成图 2-10-1(c) 所示的高频等效电路。ω 越高，$\dot{U}_o$ 的幅度也越小，其相位越滞后于 $\dot{U}_i$。当 ω 趋近于 ∞ 时，$|\dot{U}_o|$ 趋近于 0，$\dot{U}_o$ 滞后于 $\dot{U}_i$ 接近 90°。由此可见，当频率为某一中间值 f_0 时，$\dot{U}_o$ 不为零，且与 $\dot{U}_i$ 同相。

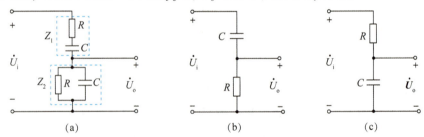

图 2-10-1 文氏电桥电路及其等效电路

(a) 文氏电桥电路；(b) 低频等效电路；(c) 高频等效电路

输出电压相量和输入电压相量之比被称为网络函数，记作 $H(j\omega) = |H(j\omega)| \angle \varphi$。其中 $|H(j\omega)| = \dfrac{U_o}{U_i}$，$\varphi = \varphi_o - \varphi_i$。图 2-10-1 所示电路的网络传递函数为

$$H(j\omega) = \frac{\dot{U}_o}{\dot{U}_i} = \frac{1}{3 + j\left(\omega RC - \dfrac{1}{\omega RC}\right)}$$

其幅频特性为

$$|H(j\omega)| = \frac{U_o}{U_i} = \frac{1}{\sqrt{9 + \left(\omega RC - \dfrac{1}{\omega RC}\right)^2}}$$

相频特性为

$$\varphi(\omega) = \arctan\frac{1/\omega RC - \omega RC}{3}$$

幅频特性曲线如图 2-10-2(a)所示，相频特性曲线如图 2-10-2(b)所示。当 $\omega = \omega_0 = \dfrac{1}{RC}$，即 $f = f_0 = \dfrac{1}{2\pi RC}$ 时，$|H(\mathrm{j}\omega)|$ 有极大值，$|H(\mathrm{j}\omega)| = \dfrac{U_o}{U_i} = \dfrac{1}{3}$，$\varphi = 0$，此时输入电压 $\dot{U}_i$ 与输出电压 $\dot{U}_o$ 同相，f_0 为电路固有频率。由图 2-10-2 可见，文氏电桥电路具有选择频率的特点，具有带通特性。

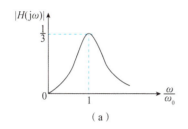
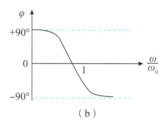

图 2-10-2　文氏电桥电路的频率特性

(a)幅频特性曲线；(b)相频特性曲线

2. 谐振频率 f_0 的测定

如前所述，当文氏电桥电路的电源频率 $f = f_0 = \dfrac{1}{2\pi RC}$ 时，此时输入电压 $\dot{U}_i$ 与输出电压 $\dot{U}_o$ 同相，即输入输出相位差 $\varphi = 0$，因此 f_0 的测定就转化为输入电压 $\dot{U}_i$ 与输出电压 $\dot{U}_o$ 相位差的测定。因此，可以用示波器观察李沙育图形的方法测定 f_0。

若在示波器的垂直和水平偏转板上分别加上频率、振幅和相位相同的正弦电压，则在示波器的荧光屏上将得到一条与 x 轴成 $45°$ 的直线。将图 2-10-1(a)所示电路的输入电压 $\dot{U}_i$ 与输出电压 $\dot{U}_o$ 分别接入双踪示波器的 CH1 和 CH2 通道，双踪示波器采用 X—Y 模式。给定 U_i 为某一数值，改变电源频率，并逐渐改变 x、y 轴增益，使荧光屏上出现一条直线，此时的电源频率即 f_0。

3. 相频特性的测量

将图 2-10-1(a)所示电路的输入电压 $\dot{U}_i$ 与输出电压 $\dot{U}_o$ 分别接入双踪示波器的 CH1 和 CH2 通道，改变输入正弦信号的频率，观测相应的输入和输出波形间的延时 τ 及信号的周期 T，则可求两波形间的相位差 $\varphi = \tau \times \dfrac{360°}{T}$。将各个不同频率下的相位差 φ 测出，即可绘出被测电路的相频特性曲线，示波器测相位差如图 2-10-3 所示。当 $f = f_0 = \dfrac{1}{2\pi RC}$ 时，$\varphi = 0$，即 $\dot{U}_o$ 与 $\dot{U}_i$ 同相；当 $f \gg f_0 = \dfrac{1}{2\pi RC}$ 时，$\varphi = -90°$，即 $\dot{U}_o$ 滞后 $\dot{U}_i$ $90°$；当 $f = 0$ 时，$\varphi = 90°$，即 $\dot{U}_o$ 超前 $\dot{U}_i$ $90°$。

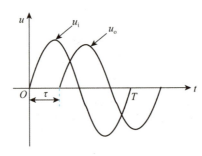

图 2-10-3　示波器测相位差

三、实验内容与步骤

1. RC 选频网络谐振频率 f_0 的测定

（1）选取 $R=1$ kΩ，$C=0.1$ μF，构成图 2-10-1（a）所示电路。用函数信号发生器的正弦信号作为激励源 $\dot{U}_i$，改变信号源的频率 f，保持 $U_i=3$ V不变，用示波器观察李沙育图形的方法测定 f_0，并用交流毫伏表测出 f_0 时的 U_i 和 U_o，将测试数据记入表 2-10-1 中。

（2）取 $R=200$ Ω，$C=2$ μF，重复上述测量过程，将测量结果记入表 2-10-1 中。

表 2-10-1　测定 RC 选频网络的谐振频率 f_0

参数	f_0(Hz)	U_i(V)	U_o(V)
$R=1$ kΩ，$C=0.1$ μF			
$R=200$ Ω，$C=2$ μF			

2. 测量 RC 选频网络的幅频特性

（1）选取电阻 $R=1$ kΩ，电容 $C=0.1$ μF，构成图 2-10-1（a）所示电路。用函数信号发生器的正弦信号作为激励源 $\dot{U}_i$，改变信号源的频率 f，保持 $U_i=3$ V不变，用交流毫伏表测量输出端在各频率点下的电压 U_o 的值，将数据记入表 2-10-2 中。建议测 10～15 个点，f/f_0 由 0.1 到 10。

（2）取 $R=200$ Ω，$C=2$ μF，重复上述测量过程，将数据记入表 2-10-2 中。

表 2-10-2　RC 选频网络的幅频特性数据

f/f_0		0.1	……	10
$R=1$ kΩ $C=0.1$ μF	f(Hz)		……	
	U_o(V)			
$R=200$ Ω $C=2$ μF	f(Hz)			
	U_o(V)			

3. 测量 RC 选频网络的相频特性

（1）选取电阻元件 $R=1$ kΩ，电容元件 $C=0.1$ μF，构成图 2-10-1（a）所示电路。用函数信号发生器的正弦信号作为激励源 $\dot{U}_i$，改变信号源的频率 f，保持 $U_i=3$ V不变，用双踪示波器测量各频率点下输出与输入的相位延时 τ 和周期 T，将数据记入表 2-10-3 中。建议测 10~15 个点，f/f_0 由 0.1 到 10。

（2）取 $R = 200\ \Omega$，$C = 2\ \mu F$，重复上述测量过程，将数据记入表 2-10-3 中。

表 2-10-3　RC 选频网络的相频特性数据

f/f_0		0.1	······	10
$R = 1\ k\Omega$ $C = 0.1\ \mu F$	f(Hz)			
	T(ms)			
	τ(ms)			
	φ			
$R = 200\ \Omega$ $C = 2\ \mu F$	f(Hz)			
	T(ms)			
	τ(ms)			
	φ			

四、实验仪器仪表与设备

函数信号发生器	1 台
双踪示波器	1 台
双通道交流毫伏表	1 台
200 Ω 电阻	2 只
1 kΩ 电阻	2 只
0.1 μF 电容	2 只
2 μF 电容	2 只

五、实验注意事项

（1）由于信号源内阻的影响，在调节输出频率时，应同时调节输出幅度，使实验电路的输入电压保持不变。

（2）测量频率时，示波器要与信号发生器共地。

（3）测量电压时，交流毫伏表要与信号发生器共地。

六、思考题

（1）根据 RC 串并联选频电路参数，估算电路两组参数时的固有频率 f_0。

（2）推导 RC 串并联选频电路的幅频、相频特性的数学表达式。

七、实验总结

（1）根据实验数据，绘制 RC 选频电路的幅频特性和相频特性曲线。

（2）在幅频特性曲线和相频特性曲线上找出谐振频率 f_0，并与理论计算值比较。

2.11　互感线圈电路参数的测定

一、实验目的

(1)加深对互感现象的认识，熟悉互感元件的基本特性。

(2)掌握测量两个耦合线圈同名端、互感系数和耦合系数的方法。

(3)研究两个耦合线圈相对位置的改变，以及用不同材料作为线圈芯对互感系数和耦合系数的影响。

二、实验原理与说明

1. 耦合电感元件

彼此靠近的两个线圈 N_1 和 N_2，当给线圈 N_1 通以电流 i_1 时，其磁链会与线圈 N_2 产生交链，由线圈 N_1 中的电流产生并与线圈 N_2 交链的磁链被称为互感磁链。当 i_1 随时间变化时，交变的互感磁链使得线圈 N_2 的两端出现感应电压。当给线圈 N_2 通以电流时，也会产生类似的情况。这样的两个线圈为耦合电感线圈，也称互感元件。

2. 互感线圈同名端

互感线圈中的磁链等于自感磁链和互感磁链两部分的代数和，自感磁链与互感磁链方向一致则称为互感的增助作用，反之则称为削弱作用。为了便于反映增助或削弱作用和简化图形表示，采用同名端标记方法。对两个有耦合的线圈各取一个端子，并用相同的符号标记，这一对端子被称为同名端。当两个线圈中电流的参考方向都是由同名端同时进入(或离开)时，每个线圈交链的自感磁链和互感磁链是相互增强的；相反，若电流同时流入异名端时，每个线圈交链的自感磁链和互感磁链是相互削弱的。

3. 互感线圈同名端测定方法

(1)直流法测互感线圈同名端。

如图 2-11-1 所示，在开关 S 闭合的瞬间，若毫安表的指针正偏，则可断定"1""3"为同名端；指针反偏，则"1""4"为同名端。

(2)交流法测互感线圈同名端。

如图 2-11-2 所示，将两线圈 N_1 和 N_2 的任意两端(如"2""4"端)连在一起，在其中的一个线圈(如 N_1)两端加一个低压交流电压，另一线圈(如 N_2)开路，用交流电压表分别测出端电压 U_{13}、U_{12} 和 U_{34}。若 U_{13} 是两个绕组端电压 U_{12} 和 U_{34} 之差，则"1""3"是同名端；若 U_{13} 是两绕组端电压之和，则"1""4"是同名端。

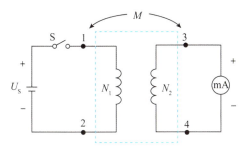

图 2-11-1　用直流法判断互感极性电路

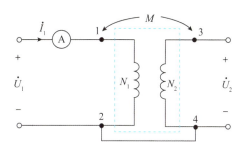

图 2-11-2　用交流法判断互感极性电路

4. 两线圈互感系数 M 的测量方法

如图 2-11-3 所示，在 N_1 侧施加低压交流电压 U_1，N_2 侧开路，测出 I_1 及 U_2。若电压表内阻足够大，便有 $U_2 \approx \omega M I_1$，则可计算得到互感系数为 $M \approx \dfrac{U_2}{\omega I_1}$。

5. 耦合系数 k 的测定

两个互感线圈耦合的程度可用耦合系数 k 来表示：

$$k = \frac{M}{\sqrt{L_1 L_2}}$$

仍采用图 2-11-3 所示的电路，先在 N_1 侧加低压交流电压 U_1，测出 N_2 侧开路时的电流 I_1，然后在 N_2 侧加交流电压 U_2，测出 N_1 侧开路时的电流 I_2，求出各自的自感 L_1 和 L_2，即可算得 k 值（两个线圈的内阻可用万用表测量）。

两线圈耦合系数 k 的大小与线圈的结构、两线圈的相互位置及周围的磁介质有关。

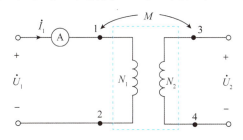

图 2-11-3　测量互感系数 M 的实验电路

三、实验内容与步骤

1. 测定耦合线圈的同名端

（1）直流法测耦合线圈同名端。

实验电路如图 2-11-4 所示，将两线圈 N_1、N_2（本实验约定 N_1 为大线圈，N_2 为小线圈）同心式套在一起，并放入铁芯。U_S 为可调直流稳压电源，将其调至 6 V，使流过 N_1 侧的电流不超过0.4 A，将N_2侧接入毫安表。将铁芯迅速地抽出和插入，观察毫安表正、负读数的变化，判定N_1和N_2两个线圈的同名端，将数据记入表2-11-1中。

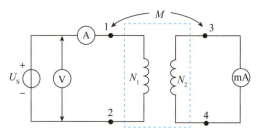

图2-11-4   直流法测定互感线圈的同名端的实验电路

表2-11-1   直流法判断同名端数据

铁芯运动情况	实验现象	
	毫安表读数的正负情况	判断：接电源正极端"1"与接毫安正极端"3"是否同名端
铁芯迅速抽出		
铁芯迅速插入		

（2）交流法测耦合线圈同名端。

实验电路如图2-11-5所示，按图接线，在自耦调压器输出端接实验变压器。将线圈N_1、N_2同心式套在一起，并在两线圈中插入铁芯。N_1串接电流表后接至实验变压器36 V输出端，N_2侧开路。调节自耦调压器输出电压，使实验变压器的36 V输出端的电压约为2 V，流过电流表的电流小于1 A，然后用交流电压表测量U_{13}、U_{12}、U_{34}，将数据记入表2-11-2中。

拆去"2""4"端连线，并将"2""3"端相连，重复上述实验步骤，将数据记入表2-11-2中。

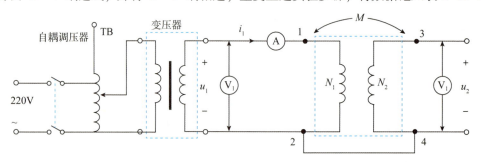

图2-11-5   交流法测定互感线圈的同名端的实验电路

表2-11-2   交流法判断同名端数据

测量参数			
"2""4"端连线	U_{12}	U_{13}	U_{34}	由U_{13}、U_{12}、U_{34}关系判断同名端
"2""3"端连线	U_{12}	U_{13}	U_{34}	由U_{12}、U_{13}、U_{34}关系判断同名端

2. 自感系数L、互感系数M与耦合系数k的测定

拆除图2-11-5所示电路中"2""3"端连线，测出U_1、I_1、U_2，将数据记入表2-11-3中。

为了使流过 N_1 侧的电流小于 1 A，线圈 N_1 两端所加的交流电压 U_1 不要太大，取 U_1 = 2 V。

将低压交流电源加在 N_2 侧，N_1 侧开路，N_2 两端所加的交流电压 U_2 不要太大，取 U_2 = 10 V，使流过 N_2 侧的电流小于 1 A。测出 U_2、I_2、U_1，将数据记入表 2-11-3 中。

利用数字万用表分别测出 N_1 和 N_2 线圈的电阻值 r_1 和 r_2，计算出自感系数 L_1 和 L_2、互感系数 M、耦合系数 k 的值。

表 2-11-3　测量自感系数 L、互感系数 M 与耦合系数 k 数据

绕圈情况	测量值					计算值			
线圈 N_1 接电源 线圈 N_2 开路	U_1	I_1	U_2	r_1	r_2	L_1	L_2	M	K
	2 V								
线圈 N_2 接电源 线圈 N_1 开路	U_2	I_2	U_1						
	10 V								

3. 观察互感现象

实验线路如图 2-11-5 所示，将低压交流电源加在 N_1 侧，N_2 侧接入 LED 与 510 Ω 的电阻串联的支路。

(1)将铁芯从两线圈中抽出和插入，观察 LED 亮度的变化及各电表读数的变化并记录。

(2)改变两线圈的相对位置，观察 LED 亮度的变化及仪表读数。

(3)用铝棒替代铁芯，重复步骤(1)(2)，观察 LED 的亮度变化，记录现象。

四、实验仪器仪表与设备

三相自耦调压器　　　　　1 台
交流电压表　　　　　　　1 只
交流电流表　　　　　　　1 只
直流电流表　　　　　　　1 只
直流电压表　　　　　　　1 只
数字万用表　　　　　　　1 只
实验变压器　　　　　　　1 只
耦合线圈　　　　　　　　1 套

五、实验注意事项

(1)为避免互感线圈因电流过大而烧毁，在整个实验过程中，应注意流过线圈 N_1 的电流不得超过 1.4 A，流过线圈 N_2 的电流不得超过 1 A。

(2)实验中，应将小线圈 N_2 套在大线圈 N_1 中，并插入铁芯。

(3)在进行交流实验前，首先要检查自耦调压器，要保证手柄置于零位，因为实验时所加的电压较小(实验变压器输出电压只有 2~3 V)。调节时要特别仔细、小心，要随时观察电流表的读数，不得超过线圈电流的限定值。

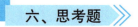

六、思考题 》》

本实验用直流法判断同名端是用插、抽铁芯时观察电流表的正、负读数变化来确定的，这与实验原理中所叙述的方法是否一致？

七、实验总结 》》

(1)总结对互感线圈同名端、互感系数的实验测试方法。

(2)完成计算任务。

(3)解释实验中观察到的互感现象。

一、实验目的 》》

(1)学习测定相序的方法。

(2)掌握三相负载时星形连接、三角形连接的方法，验证这两种接法时线电压(电流)与相电压(电流)之间的关系。

(3)充分理解三相四线制供电系统中中线的作用。

二、实验原理与说明 》》

1. 三相电源的相序

三相电源可有正序、负序和零序3种相序。通常情况下的三相电路是正序系统，即相序为 A 相-B 相-C 相的顺序。实际工作中，常需确定相序，即已知是正序系统的情况下，设某相电源为 A 相，判断另外两相哪相为 B 相、哪相为 C 相。

如图 2-12-1 所示三相电路，三相电源电压对称，三相负载则由一个电容器和两个白炽灯组成，且满足 $R = 1/\omega C$。加在两个白炽灯上的电压有明显区别。如果以电容器的一相作为 A 相，显然白炽灯较亮的一相就是 B 相，据此即可判断三相电源 3 个端头的相序。所以一个电容器和两个白炽灯接成星形即可组成一个简单的相序测定器，它们的参数即使不满足 $R = 1/\omega C$ 的关系，上述结论也是成立的，即白炽灯较亮的一相是接电容器的那一相的后续相。

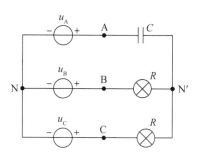

图 2-12-1 相序测量电路

2. 线电压(线电流)和相电压(相电流)的关系

(1)星形连接的三相三线制电路。

负载星形(又称Y形)连接时，三相三线制电路如图 2-12-2 所示。当负载对称，即 $Z_A = Z_B = Z_C$ 时，三相负载的相电流、线电压、相电压均对称，且线电压的有效值 U_L 是相电压有效值 U_P 的 $\sqrt{3}$ 倍，即 $U_L = \sqrt{3} U_P$。此时，电源的中性点 N 和负载的中性点 N′为等电位点，即 $\dot{U}_{NN'} = 0$。

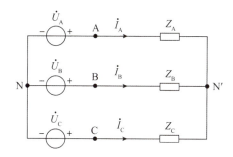

图 2-12-2 负载星形连接时的三相三线制电路

当三相星形负载不对称时，负载的线电压仍对称，但负载的相电流、相电压不再对称，负载线电压、相电压有效值之间 $\sqrt{3}$ 倍的关系不复存在，即 $U_L \neq \sqrt{3} U_P$，两中性点 N 和 N′不为等电位点，即 $\dot{U}_{NN'} \neq 0$，称中性点发生位移。

(2)三相四线制电路。

在图 2-12-2 所示电路的两中性点 N 和 N′之间连接一根中线，则成为三相四线制电路。当负载对称时，电路的情况和对称的三相三线制相同，即相电压、线电压、相电流均对称，且中线电流为零；当负载不对称时，则负载相电压、线电压仍对称，但线(相)电流不对称，且中线电流不为零。

不对称三相负载星形连接时，必须采用三相四线制接法，且中线必须牢固连接，以保证三相不对称负载的每相电压维持对称不变。

倘若中线断开，会导致三相负载电压不对称，致使负载轻的那一相的相电压过高，使负载遭受损坏，负载重的一相相电压又过低，使负载不能正常工作。

(3)三角形连接的三相电路。

电路如图 2-12-3 所示，三相负载接成三角形(又称△形)时，若三相负载对称，则负载相电流、线电流对称，且线电流的有效值 I_L 是相电流有效值 I_P 的 $\sqrt{3}$ 倍，即 $I_L = \sqrt{3} I_P$。当三相负载不对称时，负载上的相电压仍对称，但负载线电流、相电流不再对称，且线电流、相电流之间不存在 $\sqrt{3}$ 倍的关系，即 $I_L \neq \sqrt{3} I_P$。

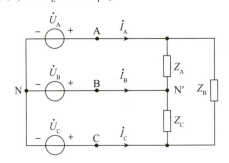

图 2-12-3　负载三角形连接的三相三线制电路

三、实验内容与步骤

1. 相序的测定

取 25 W/220 V 白炽灯两只，1 μF/450 V 或 2.2 μF/450 V 电容器一只，按图 2-12-1 所示电路接线。经三相调压器接入线电压为 220 V 的三相交流电源，观察两只灯泡的明亮状态，判断三相交流电源的相序，将观察到的现象及相序判断结果记入表 2-12-1 中。

表 2-12-1　三相交流电源的相序判断

三相负载	1 μF 或 2.2 μF 电容一只(设为 A 相)	观察灯泡亮度	判断 B 相、C 相
	25 W/220 V 白炽灯一只		
	25 W/220 V 白炽灯两只		

2. 负载星形连接电路电压、电流的测量

实验电路如图 2-12-4 所示，三相白炽灯(25 W/220 V)接成星形，三相灯组负载经三相自耦调压器接通三相对称电源。自耦调压器输出三相线电压为 220 V。按表 2-12-2 所列负载情况要求，分别测量三相负载的线电流(相电流)、线电压、相电压、中线电流、电源与负载中性点间的电压，将数据记入表 2-12-2 中。观察各相灯组亮暗的变化程度，特别要注意观察中线的作用。

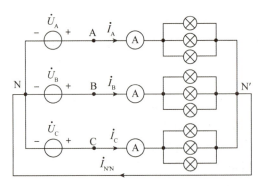

图 2-12-4　负载星形连接的实验电路

表 2-12-2　负载星形连接时的测量数据

负载情况	开灯盏数			线电流(A)			线电压(V)			相电压(V)			中线电流 I_o(A)	中性点电压 $U_{NN'}$(V)
	A相	B相	C相	I_A	I_B	I_C	U_{AB}	U_{BC}	U_{CA}	U_A	U_B	U_C		
对称负载Y$_0$接法	3	3	3											
不对称负载Y$_0$接法	3	3	3											
对称负载Y接法	1	2	3											
不对称负载Y接法	1	2	3											

3. 负载三角形连接电路电压电流的测量

实验电路如图 2-12-5 所示,三相白炽灯(25 W/220 V)接成三角形,三相灯组负载经三相自耦调压器接通三相对称电源。自耦调压器输出三相线电压为 220 V。按表 2-12-3 所列负载情况要求,分别测量线电流、相电流及相电压,将数据记入表 2-12-3 中。

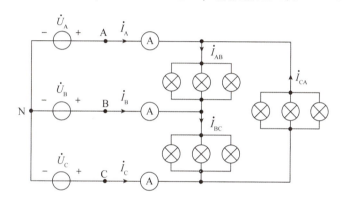

图 2-12-5　负载三角形连接的实验电路

表 2-12-3　负载三角形连接时的测量数据表

负载情况	开灯盏数			线电流(A)			相电流(A)			相电压(V)		
	A-B 相	B-C 相	C-A 相	I_A	I_B	I_C	I_{AB}	I_{BC}	U_{CA}	U_{AB}	U_{BC}	U_{CA}
对称负载三角形接法	3	3	3									
不对称负载三角形接法	1	2	3									

四、实验仪器仪表与设备

三相自耦调压器	1台
交流电压表	1只
交流电流表	1只
功率表	1只
25 W/220 V 白炽灯	9只
1 μF/450 V 或 2.2 μF/450 V 电容	1只

五、实验注意事项 》》

(1)实验用三相交流 220 V 市电供电，必须严格遵守先接线、后通电，先断电、后拆线的实验操作原则。每次实验完毕，均需将三相调压器旋柄调回零位。

(2)三角形负载与星形负载的接线有很大不同，应注意分辨。

六、思考题 》》

(1)三相负载根据什么条件进行星形或三角形连接？

(2)三相星形连接不对称负载在无中线的情况下，当某相负载开路或短路时，会出现什么情况？如果接上中线，情况又如何？

七、实验总结 》》

(1)用实验数据验证对称三相电路中的相电压与线电压、相电流与线电流的关系。

(2)用实验数据和观察到的现象，总结三相四线供电系统中中线的作用。

2.13 三相电路功率的测量方法研究

一、实验目的 》》

(1)掌握三相三线制和三相四线制三相电路功率的测量方法。

(2)熟悉对称三相电路无功功率的测量方法。

二、实验原理与说明 》》

1. 三相电路有功功率的测量

(1)三相四线制电路功率的测量。

对三相四线制电路，负载各相电压是互相独立的，与其他相负载无关，可以用功率表独立地测出各相负载的功率，测量电路如图 2-13-1 所示。一般情况下，用 3 个功率表测量三相负载功率，称为三瓦法。三相负载的总功率为 3 个功率表的读数之和，即

$$P = P_A + P_B + P_C$$

式中，P_A、P_B、P_C分别为三相负载消耗的功率。也可用一个功率表分别测量各相负载的功率。当3个负载对称时，可只用一个功率表测量任意一相的功率，三相总功率等于一相功率的3倍。这种方法也适用于测量有中性点且中性点可接出的三相三线制负载的电路功率。

（2）三相三线制电路功率的测量。

三相三线制包括负载星形连接和三角形连接两路电路的形式，通常采用两个功率表测量三相负载的总功率，称为二瓦法，测量电路如图 2-13-2 所示。三相负载的总功率等于两个功率表读数的代数和，即

$$P = P_1 + P_2 = U_{AC}I_A\cos\varphi_1 + U_{BC}I_B\cos\varphi_2 = P_A + P_B + P_C$$

式中，φ_1 为 $\dot{U}_{AC}$ 与 $\dot{I}_A$ 间的相位差；φ_2 为 $\dot{U}_{BC}$ 与 $\dot{I}_B$ 间的相位差。

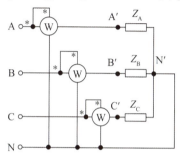 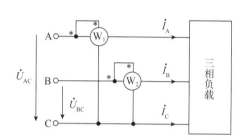

图 2-13-1　三相四线制功率测量电路　　　图 2-13-2　三相三线制功率测量电路

只要是三相三线制电路，无论是采用星形连接还是三角形连接，也不论负载是否对称，都可采用二瓦法测量三相负载功率。采用二瓦法时，3 个负载的总功率为两功率表读数的代数和。实际测量时，在一些情况下某个功率表的读数可能为负数。

2. 对称三相电路无功功率的测量

对于三相三线制的对称三相电路，可用一只功率表测量无功功率。功率表的接线方法是，将功率表的电流线圈串接于任意一相的端线中，其电流线圈的"＊"端接于电源侧，而电压线圈跨接于另外两相的端线之间，且电压线圈的"＊"端应按正相序接至串接电流线圈所在相下一相的端线上，图 2-13-3 所示的测量电路只是这种测量方法的接线方式之一。

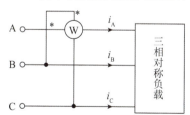

图 2-13-3　对称三相电路无功功率测量电路

三相负载的无功功率为功率表读数的 $\sqrt{3}$ 倍，即 $Q = \sqrt{3}P$，P 为功率表的示值。当负载为感性时，功率表读数为正值；当负载为容性时，功率表读数为负值。

三、实验内容与步骤

1. 三相星形连接电路功率的测量

实验线路如图 2-13-1 所示，将三相白炽灯(25 W/220 V)接成星形，三相灯组负载经三相自耦调压器接通三相对称电源，调节自耦调压器输出三相线电压为 220 V，按表 2-13-1 所列各项负载情况，用一只功率表测量各相负载功率，将数据记入表 2-13-1 中。

表 2-13-1　负载星形连接时的功率测量数据

负载情况	开灯盏数			三瓦法测功率(W)			三相总功率
	A 相	B 相	C 相	P_A	P_B	P_C	P(W)
对称负载Y$_0$接法	3	3	3				
对称负载Y接法	3	3	3				
不对称负载Y$_0$接法	1	2	3				
不对称负载Y接法	1	2	3				

2. 三相负载三角形连接电路功率的测量

实验线路如图 2-13-2 所示，将三相白炽灯(25 W/220 V)接成三角形，三相灯组负载经三相自耦调压器接通三相对称电源，调节自耦调压器输出的三相线电压为 220 V，按表 2-13-2 所列各项负载情况，用一只功率表测量各相功率，将数据记入表 2-13-2 中。

表 2-13-2　负载三角形连接时的功率测量数据

负载情况	开灯盏数			二瓦法测功率(W)		三相总功率
	A-B 相	B-C 相	C-A 相	P_1	P_2	P(W)
对称负载三角形接法	3	3	3			
不对称负载三角形接法	1	2	3			

3. 测量对称三相电容负载的无功功率

实验线路如图 2-13-3 所示，将三相对称电容(每相 1 μF)接成三角形，三相电容负载经三相自耦调压器接通三相对称电源，将自耦调压器的输出线电压调到 220 V，分别测量负载相电压、相电流及功率表读数，将数据记入表 2-13-3 中。

表 2-13-3　测量对称三相电容负载的无功功率

负载	测量值			三相无功功率
三相对称电容 （每相 1 μF）	相电压 U(V)	相电流 I(A)	功率表读数 Q'(Var)	Q(Var)

四、实验仪器仪表与设备

三相自耦调压器	1 台
交流电压表	1 只
交流电流表	1 只
功率表	1 只
25 W/220 V 白炽灯	9 只
1 μF/450 V 电容	3 只

五、实验注意事项

（1）本实验用三相交流 220 V 市电供电，实验时要注意人身安全，必须严格遵守先接线、后通电，先断电、后拆线的实验操作原则。每次实验完毕，均需将三相调压器旋柄调回零位。每次改接线路时，均需断开三相电源，以确保人身安全。

（2）三角形负载与星形负载的接线有很大不同，应注意分辨。

六、思考题

（1）二瓦法测量三相电路有功功率的原理是什么？

（2）画出用二瓦法测定三相负载总功率的另外两种连接方法的电路图。

（3）一瓦法测定三相电路无功功率的原理是什么？

七、实验总结

总结、分析测量三相电路功率的方法与结果。

第 3 章

Multisim 14 仿真实验

3.1 概述

Multisim 14 是美国国家仪器有限公司下属的 Electronics Workbench Group 推出的一款交互性 SPICE 仿真和电路分析软件，它为用户提供了丰富的元器件库和功能齐全的各类虚拟仪器，可用于对各种电路进行全面仿真分析和设计。Multisim 14 提供了集成化的设计环境，能完成从原理图设计输入、电路仿真分析和电路功能测试等工作。用 Multisim 14 进行电路仿真实验成本低，速度快，效率高。

Multisim 14 提供了数万种元器件，方便用户进行电路参数和参数扫描分析，从而得到最优参数。Multisim 14 提供的虚拟电子设备种类齐全，有直流电源、交流电源、示波器、函数信号发生器、万用表、频谱仪、失真度仪、网络分析和逻辑分析仪等，操作这些仿真仪器如同操作真实设备一样。Multisim 14 具有完备的分析手段，可以完成直流工作点分析、交流分析、直流扫描分析、瞬态分析、傅里叶分析、参数扫描分析等 18 种分析，能基本满足电子设计和分析的要求。

3.2 Multisim 14 工作界面简介

完成 Multisim 14 的安装之后，启动该软件，其工作界面如图 3-2-1 所示。Multisim 14 的工作界面包括菜单栏、元器件工具栏、标准工具栏、系统工具栏、仿真工具栏、视图工具栏、虚拟仪器仪表工具栏、设计工具箱区、电路工作区、电路元器件属性区等部分。

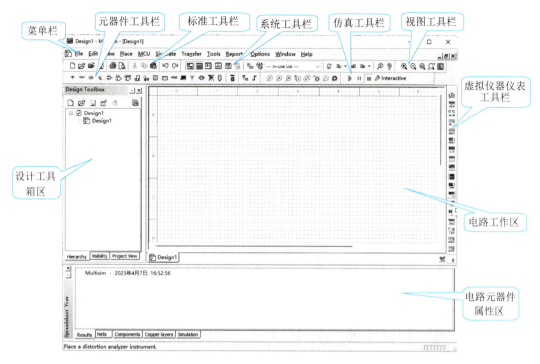

图 3-2-1 Multisim 14 的工作界面

3.2.1 菜单栏

Multisim 14 的菜单栏与 Windows 操作系统的界面相似，如图 3-2-2 所示，菜单栏中提供了该软件几乎所有的功能命令。在每个菜单下都有一个下拉菜单，在下拉菜单中可以找到该菜单中所有功能的命令。

图 3-2-2 Multisim 14 的菜单栏

3.2.2 工具栏

Multisim 14 的工具栏提供了仿真设计过程中所需的一系列操作命令，借助各工具栏中的功能按钮，可以方便地进行操作，提高仿真设计速度。

1. 标准工具栏

标准工具栏中包含常用的基本功能按钮，共有 11 个按钮，如图 3-2-3 所示，从左到右依次为"新建文件""打开文件""打开自带仿真实例""保存""打印""查找""剪切""复制""粘贴""撤销""恢复"。

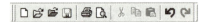

图 3-2-3 标准工具栏

2. 系统工具栏

系统工具栏中包含多个按钮，其作用如图 3-2-4 所示。

图 3-2-4 系统工具栏

3. 元器件工具栏

Multisim 14 提供的所有元器件都放置在 20 个元器件库中，各元器件库在元器件工具栏中的按钮及其名称如图 3-2-5 所示。单击元器件工具栏中的按钮，即可打开对应的元器件库，进入元器件选择对话框，选择仿真所需的元器件。

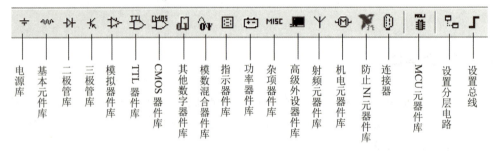

图 3-2-5 元器件工具栏

4. 仿真工具栏

仿真工具栏中包含电路仿真过程中所需的"运行仿真""暂停仿真""停止仿真""Interactive"(交互仿真设置)4 个按钮，如图 3-2-6 所示。单击"Interactive"按钮，可打开"Analyses and Simulation"(分析与仿真)对话框，以选择仿真分析方法。

图 3-2-6 仿真工具栏

5. 虚拟仪器仪表工具栏

Multisim 14 的虚拟仪器仪表工具栏中提供了 20 多种虚拟仪器仪表，如图 3-2-7 所示，这些虚拟仪器仪表的参数设置、使用方法、外观设计与实验室中的真实仪器仪表基本一致。

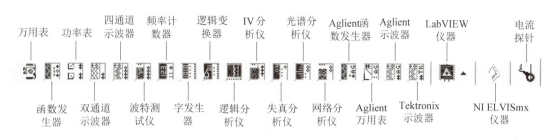

图 3-2-7　虚拟仪器仪表工具栏

3.2.3　电路图显示方式的设置

要设置电路图的显示方式，可以展开菜单栏中的"Options"菜单，在下拉菜单中选择"Sheet Properties"（电路图属性）命令，打开"Sheet Properties"（电路图属性）对话框，如图 3-2-8 所示。该对话框中共有 7 个选项卡，每个选项卡可用于设置不同的内容，下面介绍常用的 5 个选项卡。

（1）"Sheet visibility"（图纸可见性）选项卡：设置是否显示电路参数，包括元器件的标签、值等。

（2）"Colors"（颜色）选项卡：设置电路显示的颜色，如果选择自定义方式，颜色区的 10 个按钮即可被激活，用户可以自定义电路工作区的背景、导线、元器件等的颜色。

（3）"Workspace"（工作区）选项卡：显示部分用来设置电路是否显示网格、页面边界和边框，电路图页面用来设置图示的大小及方向，用户也可自定义页面的大小。

（4）"Wiring"（线路）选项卡：设置导线和总线的宽度。

（5）"Font"（字体）选项卡：设置在电路工作区出现的标识、标签、注释、器件的各种参数显示的字体、字号大小及是否加粗、倾斜等字形效果。

图 3-2-8　"Sheet Properties"对话框

3.2.4　常用元器件库介绍

电路仿真实验常用的元器件库有"Sources"（电源库）、"Basic"（基本元件库）和"Indicator"（指示器件库）。下面对几种常用元器件库的对应元器件系列进行介绍。

1. 电源库

单击元器件工具栏中的 ÷ 按钮，打开电源库的"Select a Component"（元器件选择）对话框，如图 3-2-9 所示，在该对话框中，"Master Database"（主数据库）是默认数据库。电源库包含的元器件系列如图 3-2-10 所示。

选择和放置元器件时，只需在"Family"（元器件系列）列表框中单击需要的元器件系列，即在"Component"（元器件）列表框中显示该系列所有的元器件，从元器件列表中选择一个元器件，单击"OK"按钮即可确定选择，若要取消放置元器件，则单击"Close"按钮。关闭该对话框后，鼠标指针移到电路工作区即可放置所选的元件。

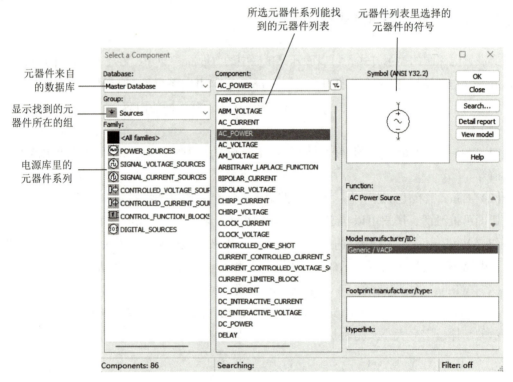

图 3-2-9　"Select a Component"对话框

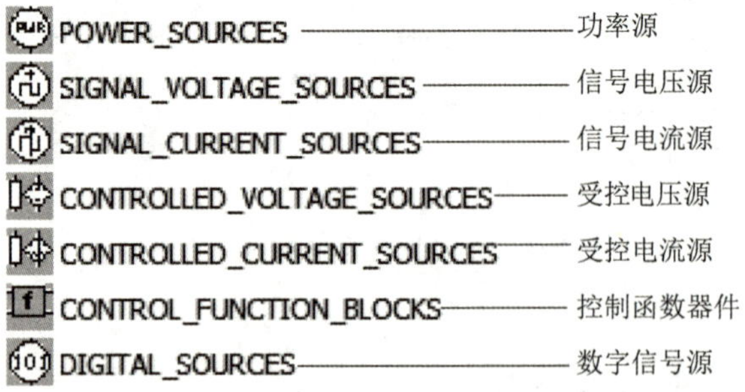

图 3-2-10　电源库包含的元器件系列

2. 基本元件库

单击元器件工具栏中的 -⩓- 按钮，打开基本元件库的"Select a Component"对话框，如图3-2-11所示，基本元件库包含的元件系列如图3-2-12所示。

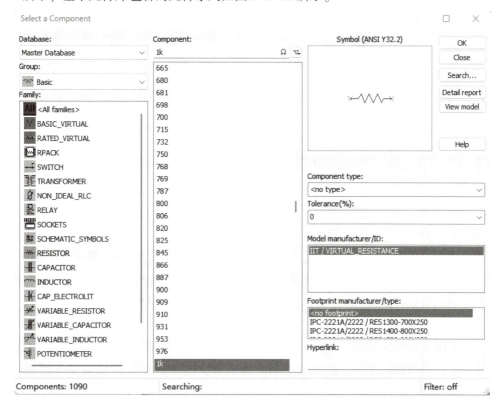

图 3-2-11　基本元件库

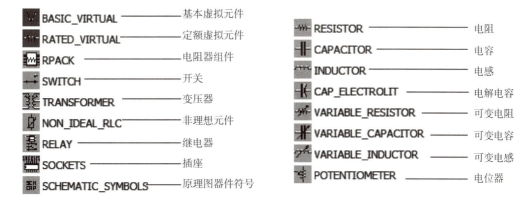

图 3-2-12　基本元件库包含的元件系列

3. 指示器件库

单击元器件工具栏中的 ▦ 按钮，打开该库的"Select a Component"对话框，指示器件库包含的器件系列如图3-2-13所示。

VOLTMETER	电压表
AMMETER	电流表
PROBE	探针
BUZZER	蜂鸣器
LAMP	白炽灯
VIRTUAL_LAMP	虚拟白炽灯
HEX_DISPLAY	十六进制多段数码显示器
BARGRAPH	条柱显示器

图 3-2-13　指示器件库包含的器件系列

3.2.5　常用虚拟仪器仪表的使用说明

1. 数字万用表

万用表是电路实验中使用较频繁的仪表之一，可以用来测量直流或交流信号，还可以用来测量电流、电压、电阻和分贝值。单击虚拟仪器仪表工具栏中的"万用表"按钮，在电路工作区中将出现数字万用表，双击数字万用表会出现显示面板，如图 3-2-14 所示。显示面板的黑色条形框用于测量数值的显示，下方为测量类型选取栏。单击显示面板的"Set"（设置）按钮，弹出万用表的表内阻和量程等参数设置对话框。

Multisim 14 还提供 Aglient 万用表，其操作与真实 Aglient 万用表相似，不仅可以测量电压、电流、电阻、信号周期和频率，还可以进行数字运算，为用户提供更加逼真和便捷的仿真环境。

2. 功率表

功率表又称瓦特计，可以用来测量电路的交流或直流功率。单击虚拟仪器仪表工具栏中的"功率表"按钮，在电路工作区中将出现功率表，双击功率表，会出现显示面板，如图 3-2-15 所示。

图 3-2-14　数字万用表及显示面板

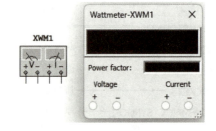

图 3-2-15　功率表及显示面板

3. 函数信号发生器

函数信号发生器是用来产生正弦波、三角波和方波信号的仪器，单击虚拟仪器仪表工具栏中的"函数信号发生器"按钮，在电路工作区中将出现函数信号发生器，双击函数信号发生器，会出现显示面板，如图 3-2-16 所示，在此可对函数发生器的输出信号进行设置。

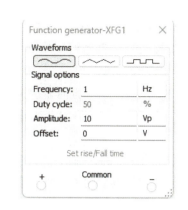

图 3-2-16 函数信号发生器及显示面板

4. 双通道示波器

单击虚拟仪器仪表工具栏中的"双通道示波器"按钮，在电路工作区中将出现双通道示波器，如图 3-2-17 所示。该仪器共有 6 个端子，分别为 A 通道的正、负端，B 通道的正、负端，外触发（Ext Trig）的正、负端（正端为信号端，负端为接地端）。双击双通道示波器，会出现显示面板，在此可进行参数设置及显示输出波形，如图 3-2-18 所示。

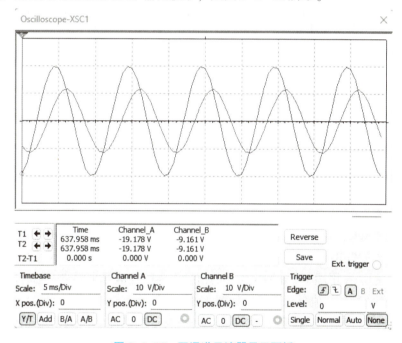

图 3-2-17 双通道示波器　　　　图 3-2-18 双通道示波器显示面板

示波器连接时，A、B 两个通道只需将正端与被测点相连接，负端可不连接，即可显示被测点的电压。若需测量两点间的电压，则只需将 A 或 B 通道的正、负端与该两点相连接即可。

双通道示波器的参数设置说明如下。

（1）TimeBase 区域。

• Scale：设置 x 轴每格（Div）所代表的时间。单击标度右侧的选择框，将弹出上/下拉按钮，可根据实际需要为所显示的波形选择合适的时间基准。

- X pos.(Div)：x 轴位移(格)，调整时间基准的起始点位置，即设置信号波形在 x 轴方向的起始位置。
- Y/T：x 轴方向显示时间刻度、y 轴方向显示 A、B 通道的信号幅度，即信号波形随时间变换时采用该显示方式，是打开示波器后的默认显示方式。
- Add：选择 x 轴显示时间，y 轴显示的信号为 A、B 两通道输入信号的叠加。
- B/A：将 A 通道信号作为 x 轴的扫描信号，B 通道的信号作为 y 轴信号。为了比较 B 通道和 A 通道信号的频率、相位等参数的关系时，会选择这种显示方式。
- A/B：与 B/A 相反。

(2) Channel A 和 Channel B 区域。

该区域用于双通道示波器输入通道的参数设置。Channel A 用于 A 通道的参数设置，Channel B 用于 B 通道的参数设置。

- Scale：设置 y 轴方向每一格所代表的电压数值。单击 Scale 右侧的输入框，根据需要选择合适的值即可。
- Y pos.(Div)：y 轴位移(格)，用来调整示波器 y 轴方向的原点，即波形在 y 轴的偏移位置。单击 y 轴位移右侧的输入框可以为显示信号选择合适的 y 轴起点位置，正值使波形向上移动，负值使波形向下移动。
- AC：交流耦合，滤除显示信号的直流部分，仅显示信号的交流部分。
- 0：没有信号显示，输出端接地。
- DC：直流耦合，将信号的直流与交流分量全部显示出来。

(3) Trigger 区域：该区域用于设置示波器的触发方式。

- Edge：触发边沿的选择设置，有上升边沿和下降边沿等选择方式。
- Level：选择触发电平的大小。
- Single：选择单脉冲触发。
- Normal：选择一般脉冲触发。
- Auto：自动触发方式，触发信号不依赖外部信号，一般情况下使用自动方式。
- A 和 B：用 A 通道或 B 通道的输入信号作为同步 x 轴时基扫描的触发信号。
- Ext：用端子 Ext Trig 连接的信号作为触发信号来同步 x 轴时基扫描。

(4) 测量数值显示区域，如图 3-2-19 所示。

- Time：从上到下分别为光标 1、光标 2 处的时间、两光标间的时间差值。
- Channel_A：从上到下分别为 A 通道在光标 1 处的电压值、光标 2 处的电压值、两光标间的电压差值。
- Channel_B：从上到下分别为 B 通道在光标 1 处的电压值、光标 2 处的电压值、两光标间的电压差值。

单击 T1 右侧左右指向的两个箭头，可以将 T1 的光标在显示屏中移动，同理可以移动 T2 的光标，也可以按住鼠标左键，在显示屏中拖动 T1、T2 光标。

通道A波形　　光标1　　　通道B波形　　光标2

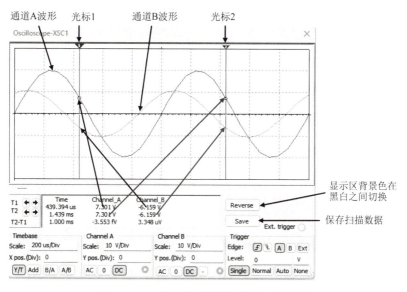

显示区背景色在黑白之间切换

保存扫描数据

图 3-2-19　双通道波形及测量结果显示区

5. 波特图示仪

波特图示仪又称频率特性测试仪，是用于测量电路、系统或放大器的频率特性（包括幅频特性和相频特性）的虚拟仪器。利用波特图示仪可以方便地测量和显示电路的频率特性，分析滤波电路，观察截止频率。单击虚拟仪器仪表工具栏中的"波特图示仪"按钮，在电路工作区中将出现波特图示仪，如图 3-2-20 所示。双击波特图示仪，会出现显示面板，如图 3-2-21 所示。

显示区　　横向坐标设置区　幅频特性　纵向坐标设置区　相频特性

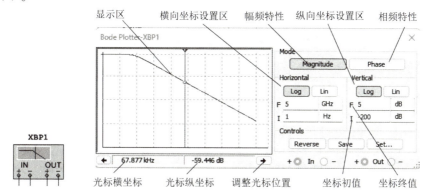

XBP1

IN　OUT

光标横坐标　　光标纵坐标　　调整光标位置　　坐标初值　坐标终值

图 3.2.20　波特图示仪　　　　图 3.2.21　波特图示仪显示面板

波特图示仪包括 4 个连接端，左边 IN 是输入端口，其"+""-"分别与电路输入端的正、负端子相连。右边 OUT 是输出端口，其"+""-"分别与电路输出端的正、负端子相连。

波特图示仪本身是没有信号源的，所以在使用时，应在电路的输入端口接入一个交流信号源或函数信号发生器，且不必对其参数进行设置。

3.2.6　仿真分析方法

Multisim 14 提供了多种仿真分析方法，展开菜单栏中的"Simulate"菜单，在下拉菜单中选择"Analyses and Simulation"命令，打开"Analyses and Simulation"对话框，如图 3-2-22 所示。"Active Analysis"(分析)列表框中包含 20 种仿真分析方法，如图 3-2-23 所示。

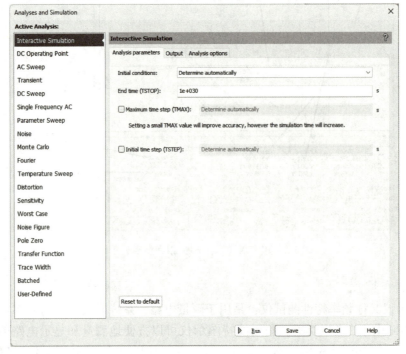

图 3-2-22 "Analyses and Simulation"对话框

Interactive Simulation —— 交互仿真分析	Temperature Sweep —— 温度扫描分析
DC Operating Point —— 直流工作点分析	Distortion —— 失真分析
AC Sweep —— 交流分析	Sensitivity —— 灵敏度分析
Transient —— 瞬态分析	Worst Case —— 最坏情况分析
DC Sweep —— 直流扫描分析	Noise Figure —— 噪声系数分析
Single Frequency AC —— 单一频率交流分析	Pole Zero —— 零极点分析
Parameter Sweep —— 参数扫描分析	Transfer Function —— 传递函数分析
Noise —— 噪声分析	Trace Width —— 线宽分析
Monte Carlo —— 蒙特卡洛分析	Batched —— 批处理分析
Fourier —— 傅里叶分析	User-Defined —— 用户自定义分析

图 3-2-23 "Active Analysis"列表框中的仿真分析方法

下面简单介绍其中常用的 5 种仿真分析方法。

1. 直流工作点分析

"DC Operating Point"(直流工作点分析)用于计算电路的静态工作点。在进行该项分析时，电路中的交流电源会自动被置零，电容开路、电感短路、数字元件则被作为电阻接地。直流工作点分析是其他分析方法的基础。

2. 交流分析

"AC Sweep"(交流分析)用于分析电路的正弦小信号频率响应，它计算电路的幅频特性和相频特性。Multisim 14 在进行交流分析时，会自动地先对电路进行直流工作点分析，在直流工作点对各个非线性元件作线性化处理，建立线性化的交流小信号模型。在进行交流分析时，将正弦波设计为输入信号，即无论在电路工作区中的信号源设置的是三角波还是方波，交流分析时都会自动设置为正弦波，信号频率也替换为设定范围内的频率，分析电路的频率响应曲线，其结果与波特图示仪的分析结果相同。

3. 瞬态分析

"Transient"（瞬态分析）在给定输入激励信号下，分析所选定的电路节点的瞬态响应，观察该节点在整个显示周期中每一时刻的电压波形，是一种非线性时域分析方法。Multisim 14 在进行瞬态分析时，直流电源保持常数，交流信号源随着时间而改变，电容和电感都是储能元件。瞬态分析的结果通常为分析节点的电压波形，跟示波器观察节点电压波形一样。

Multisim 14 进行瞬态分析时，首先计算电路的初始状态，然后从初始时刻到某个给定的时间范围内选择合理的时间步长，计算选定节点在每个时间点的输出电压。输出电压由一个完整周期中的各个时间点的电压来决定。启动瞬态分析时，只定义起始时间和终止时间，程序可以自行定义时间步长。

4. 直流扫描分析

"DC Sweep"（直流扫描分析）就是利用直流电流来分析电路中某个节点上直流工作点的数值变化情况。利用直流扫描分析，能够快速地根据直流电源的变动范围来确定电路直流工作点。

例如，在验证戴维南定理的仿真实验中，可以利用直流扫描分析测量有源一端口网络的伏安特性曲线和戴维南等效电路的伏安特性曲线，进而验证戴维南定理。

5. 参数扫描分析

"Parameter Sweep"（参数扫描分析）是通过电路中某个元件的参数在一定范围内变化时对电路的直流工作点、瞬态特性及交流频率特性所产生的影响进行分析。它是将电路参数设置在一定的变化范围内，以分析参数变化对电路性能的影响，相当于该元件每次取不同的值，进行多次仿真、比较。采用参数扫描分析电路，可以较快地获得某个元件的参数变化对电路的影响。在参数扫描分析时，数字器件被视为高阻接地。

进行参数扫描时，用户可以设置参数变化的开始值、结束值、增量和扫描方式，从而控制参数的变化。

在一阶动态电路仿真中，可以通过参数扫描分析设置电容电压扫描输出节点，电容为扫描电容，观察其变化时对电容电压波形的影响。

3.2.7　Multisim 14 仿真分析实例 》》

以线性电阻伏安特性测量为例。

（1）选择直流电压源。

启动 Multisim 14，单击元器件工具栏中的 ÷ 按钮，打开电源库，在"Family"列表框中选择"POWER SOURCES"选项，在"Component"列表框中选择"DC_POWER"（直流电压源）选项，

单击"OK"按钮，将直流电压源放置于电路工作区合适的位置。双击直流电压源，打开属性对话框，将电压值"Value"设为 10 V。在"POWER SOURCES"系列选择"GROUND"（模拟地）选项，将其放置到电路工作区中的合适位置。

（2）选择电阻元件。

单击元器件工具栏中的 ᴧᴧᴧ 按钮，打开基本元件库，在"Family"列表框选择"RESISTOR"选项，在"Component"列表框选择 1 kΩ 的电阻，单击"OK"按钮，将 1 kΩ 的电阻放置于电路工作区合适的位置。单击该元件，在蓝色虚线矩形内右击，在弹出的快捷菜单中选择旋转命令，调整该电阻放置方向，可以选择颜色、字体等命令，实现对元件颜色、元件参数的字体、字号、加粗等字体风格的设置。

（3）选择电压表、电流表。

单击元器件工具栏中的 ⊞ 按钮，打开指示器件库，在"Family"列表框选择"VOLTMETER"选项，在"Component"列表框选择"VOLTMETER_V"选项，单击"OK"按钮，将直流电压表放置于电路工作区合适的位置。继续在指示器件库的"Family"列表框选择"AMMETER"选项，在"Component"列表框选择"AMMETER_H"选项，单击"OK"按钮，将直流电流表放置于电路工作区合适的位置。

（4）连接元器件。

调整元器件位置，将元器件放置于合适的位置，可以通过单击、右击来对元器件在电路工作区的位置进行调整，可以进行的操作是翻转、旋转等。

下面连接导线，将鼠标指针移动到所要连接的元器件的某个引脚上时，鼠标指针会变成中间有实心黑点的十字形。单击后，再次移动鼠标，就会拖动出一条黑实线。将此黑实线移动到所要连接的其他元器件的引脚，再次单击，这时就可以将两个元器件的引脚连接起来，同时导线的颜色由黑色变成红色。

（5）仿真分析。

仿真电路连接完成，如图 3-2-24 所示。单击仿真工具栏上的 ▷ 按钮，或者按快捷键F5，开始仿真。应用电压表和电流表测量，可以直接从电压表和电流表上读出仿真结果。

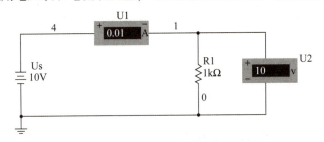

图 3-2-24　测量线性电阻伏安特性仿真电路

电压源电压从 0 V 到 10 V 变化，测量电阻的伏安特性。可以采用以下两种方法。

方法一：电压源电压从 0 V 到 10 V 改变，进行多次仿真，设计表格，记录每次仿真的电压表、电流表的读数。

方法二：可以采用直流扫描分析的仿真分析方法。展开菜单栏中的"Simulate"菜单，选择"Analyses and Simulation"→"DC Sweep"命令，弹出"Analyses and Simulation"对话框，如图 3-2-25 所示。在"Analysis parameters"（分析参数）选项卡中，"Source"选择"V1"选项，"Start value"（扫描起始值）设为 0 V，"Stop value"（扫描终止值）设为 10 V，"Increment"（增量）设为 0.1 V。此外，还需要对输出参数进行定义，"Output"（输出）选项卡如图 3-2-26 所示，"Variables in circuit"（电路变量）选择变量"I(R1)"，单击"Add"按钮，单击下方的"Run"按钮，开始直流扫描分析。仿真得到的线性电阻伏安特性直流扫描曲线如图 3-2-27 所示。

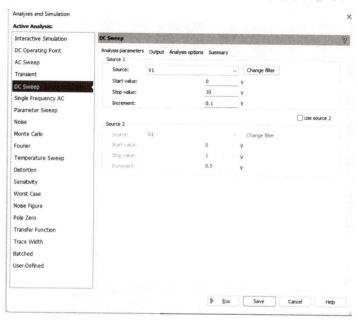

图 3-2-25　"Analyses and Simulation"对话框

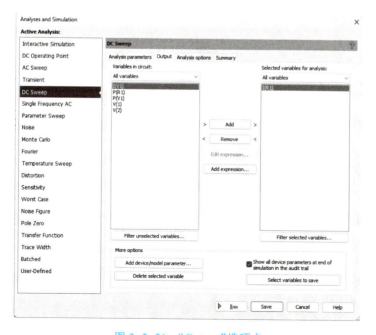

图 3-2-26　"Output"选项卡

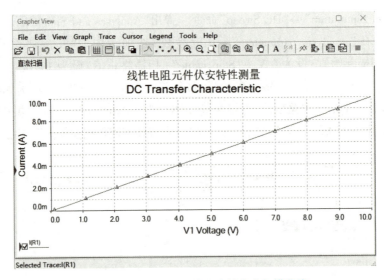

图 3-2-27 线性电阻伏安特性直流扫描曲线

(6)保存文件。

创建电路、编辑电路、仿真分析等工作完成后,就可以将电路文件存盘了。

3.3 叠加定理的仿真研究

一、实验目的

(1)利用仿真分析验证电路的叠加性和齐次性。
(2)加深对叠加性和齐次性的理解。

二、实验原理与说明

实验原理与说明可参考 2.2 节(基尔霍夫定律与叠加定理的研究)的相关描述。

三、仿真内容与步骤

启动 Multisim 14,创建图 3-3-1 所示的仿真电路。

(1)设置开关 S1、S2 的状态如图所示,开始仿真分析,读取电压表和电流表的显示数据,并记入表 3-3-1 中。

(2)按下 B 键,开关 S2 接短路线,即 U_{S2} 用短路线替代,$U_{S1}=6$ V 单独作用。读取电压表和电流表的显示数据,记入表 3-3-1 中。

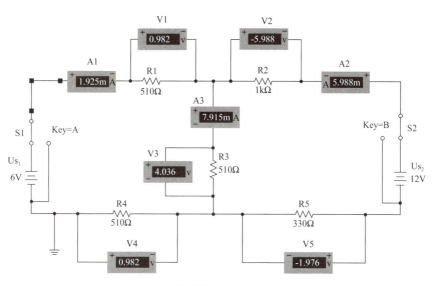

图 3-3-1　验证叠加定理仿真电路(线性)

(3)按下 A 键，再按下 B 键，将开关 S1 接短路线，开关 S2 接电压源 U_{S2}，即 U_{S1} 用短路线替代，电压源 U_{S2} 单独作用。读取电压表和电流表的显示数据，记入表 3-3-1 中。

(4)停止仿真，将图 3-3-1 中的电压源 U_{S2} 输出电压值调至 24 V，再测量各支路电压、支路电流值，将数据记入表 3-3-1 中。

表 3-3-1　　验证叠加定理的测量数据

测量项目	$U_{S1}(V)$	$U_{S2}(V)$	$I_1(mA)$	$I_2(mA)$	$I_3(mA)$	$U_1(V)$	$U_2(V)$	$U_3(V)$	$U_4(V)$	$U_5(V)$
U_{S1} 单独作用										
U_{S2} 单独作用										
U_{S1}、U_{S2} 共同作用										
U_{S2} = 24 V 单独作用										

(5)将 R_5 换成一只二极管 1N4007，仿真电路如图 3-3-2 所示。重复步骤(1)~(4)的仿真实验过程，将数据按表 3-3-1 的形式记录。

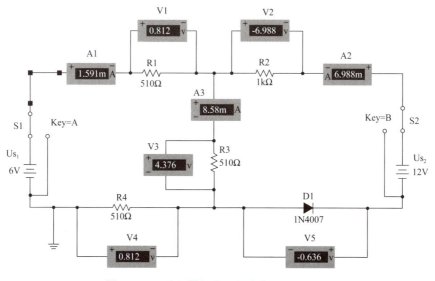

图 3-3-2　验证叠加定理仿真电路(非线性)

四、实验总结

(1)根据实验数据验证线性电路的叠加性与齐次性。
(2)根据实验数据总结叠加性与齐次性的适用范围。

3.4　戴维南定理的仿真研究

一、实验目的

(1)利用仿真分析验证戴维南定理和最大功率传输定理。
(2)掌握 Multisim 14 中的直流扫描分析法和参数扫描分析法。
(3)加深对等效变换的理解。

二、实验原理与说明

实验原理与说明可参考 2.3 节(戴维南定理的研究)的相关描述。

三、仿真内容与步骤

1. 测量线性有源一端口电路的开路电压、短路电流仿真

在 Multisim 14 平台创建图 3-4-1(a)所示仿真电路,用万用表测量有源一端口电路的开路电压和短路电流。单击仿真工具栏上的 ▷ 按钮,启动仿真分析。运行仿真后,可得到万用表测量结果,如图 3-4-1(b)所示,一端口电路 ab 端口的开路电压 $U_{OC}=16.998$ V,短路电流 $I_{SC}=32.696$ mA,计算得到该一端口电路的等效电阻 $R_{eq}=519.88$ Ω。

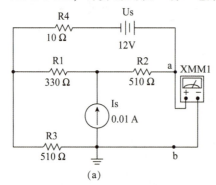

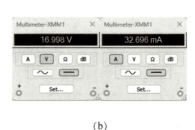

(a)　　　　　　　　　　　　　　　(b)

图 3-4-1　开路电压、短路电流测量仿真电路
(a)仿真电路;(b)万用表测开路电压、短路电流

2. 验证戴维南定理

用直流扫描分析法仿真分析线性有源一端口电路的伏安特性、戴维南等效电路的伏安特性。

(1)测量线性有源一端口电路的伏安特性。

用直流扫描分析法仿真分析图3-4-1(a)所示的线性有源一端口电路的伏安特性，需在ab端口接入一个电压源，并以该电压源为分析变量，即以该一端口电路端口输出电压为分析变量，仿真电路如图3-4-2所示。

展开菜单栏中的"Simulate"菜单，选择"Analyses and Simulation"命令，在打开的对话框的左侧选择"DC Sweep"

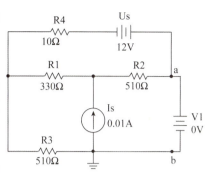

图3-4-2　直流扫描分析法测量有源一端口电路的伏安特性仿真电路

(直流扫描分析)选项，在"Analysis parameters"选项卡中，"Source"选择"V1"选项，"Start value"(起始值)设为0 V，"Stop value"(停止值)设为20 V，"Increment"(增量)设为0.1V。在"Output"选项卡中，选取参数"I(V1)"，单击"Add"按钮，再单击下方的"Run"按钮，输出该线性有源一端口电路的伏安特性曲线，如图3-4-3所示。

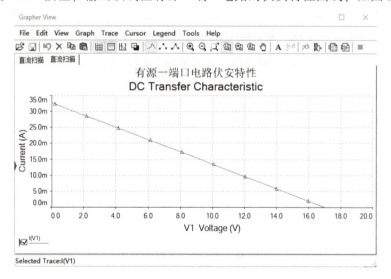

图3-4-3　线性有源一端口电路的伏安特性曲线

(2)仿真测量戴维南等效电路的伏安特性。

根据实验内容1所测的一端口电路的等效参数，得到图3-4-4所示戴维南等效电路，利用直流扫描分析法，对等效电路的伏安特性进行直流扫描仿真分析，得到等效电路的伏安特性曲线。

Multisim 14可以将上述线性有源一端口电路、戴维南等效电路的伏安特性曲线置于同一坐标系中，以便直观比较。在"Grapher View"对话框中，单击菜单栏中的"Graph"菜单，选择"Overlay traces"命令，在打开的"Select a Graph"对话框中选择线性有源一端口电路的伏安特性曲线图，单击"OK"按钮，得到将两个电路伏安特性曲线置于同一坐标系中的曲线图，如图3-4-5所示。从图中可以看出，两条伏安特性曲线几乎完全重合，说明两个电路的伏安特性是相同的，从而验证了戴维南定理的正确性。

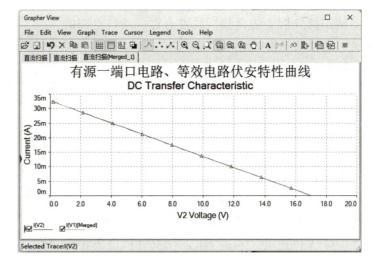

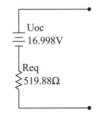

图 3-4-4　戴维南等效电路　　**图 3-4-5　线性有源一端口电路、等效电路伏安特性曲线对比**

3. 验证最大功率传输定理

验证最大功率传输定理的仿真电路如图 3-4-6 所示，采用 Multisim 14 的参数扫描分析法，分析改变负载电阻 R_5 的阻值对负载功率的影响，仿真得到负载 R_5 的功率与阻值的关系曲线，找到最大功率点，验证最大功率传输定理。

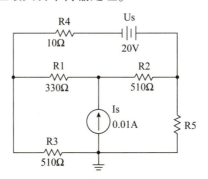

图 3-4-6　验证最大功率传输定理的仿真电路

参数扫描仿真操作步骤如下。

（1）启动 Multisim 14，展开菜单栏中的"Simulate"菜单，选择"Analyses and Simulation"命令，在打开的"Analyses and Simulation"对话框（见图 3-4-7）的左侧选择"Parameter Sweep"（参数扫描分析）选项，打开"Parameter Sweep"（参数扫描分析）对话框，如图 3-4-8 所示。

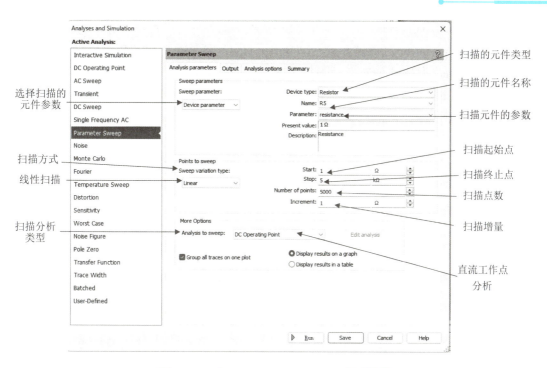

图 3-4-7　"Analyses and Simulation"对话框

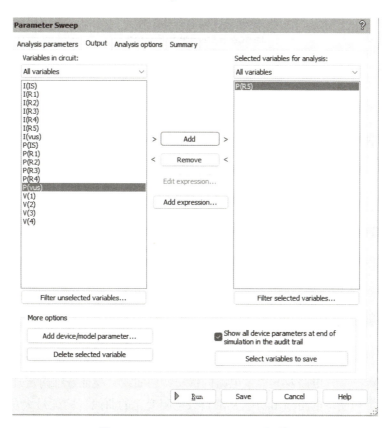

图 3-4-8　"Parameter Sweep"对话框

（2）设置"Analysis parameters"（分析参数）选项卡的各项。设置"Sweep parameter"（扫描参数）为"Device parameter"（器件参数），"Device type"（器件类型）为"Resistor"，"Name"为"R5"，"Parameter"为"resistance"。设置"Start"（扫描起始值）为 1 Ω，"Stop"（扫描终止值）为 5 kΩ，"Increment"（扫描增量）为 1 Ω，"Analysis to sweep"（扫描分析类型）为"DC Operating Point"（直流工作点分析）。勾选"Group all traces on one plot"复选框，选择"Display results on a graph"单击按钮。同时在"Output"选项卡中选取变量"P（R5）"作为要分析的变量，如图 3-4-8 所示，单击"Add"按钮，单击下方的"Save"按钮，保存该设置。然后自动回到电路工作区界面，单击仿真工具栏的 ▷ 按钮，则输出该有源一端口输出功率随负载 R_5 变化的关系曲线仿真图，如图 3-4-9 所示。

在此窗口中展开菜单栏中的"Cursor"菜单，选择"Select cursor"→"Cursor 1"命令，再选择"Cursor"→"Go to next Y Max"命令，则仿真曲线图中弹出光标的实时坐标信息，光标 1 移动到曲线上 y 轴坐标的最大值（即最大输出功率点）。此时对应于最大输出功率（298.23 W）的负载电阻阻值为 520 Ω，近似等于该有源一端口电路的输出电阻 519.88 Ω（存在仿真误差）。仿真结果与理论分析相符，验证了最大功率传输定理的正确性。

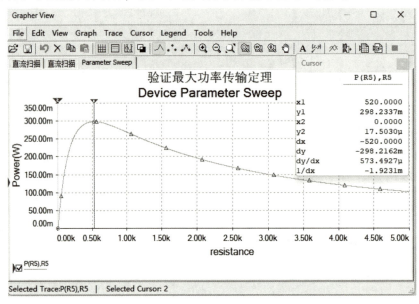

图 3-4-9　功率随负载 R_5 变化的关系曲线仿真图

四、实验总结

（1）根据测量数据，绘制有源一端口电路的戴维南等效电路和诺顿等效电路。

（2）绘制有源一端口电路及其等效电路的伏安特性曲线，验证戴维南定理。

（3）绘制有源一端口电路输出功率 P 随负载电阻变化的曲线，验证最大功率传输条件是否正确。

3.5 动态电路的仿真研究

一、实验目的

(1)掌握用 Multisim 14 观察一阶、二阶电路过渡过程的特点。

(2)利用仿真分析加深对电路参数对过渡过程影响的理解

(3)通过仿真实验进一步加深对动态电路过渡过程的理解。

二、实验原理与说明

实验原理与说明可参考 2.5 节(一阶电路过渡过程的研究)、2.6 节(二阶电路过渡过程的研究)的相关描述。

三、仿真内容与步骤

1. 一阶 *RC* 电路时间常数的测量

单击元器件工具栏中的 ÷ 按钮,在弹出的对话框的"Family"列表框中选择"SIGNAL_VOLTAGE_SOURCES"选项,在"Component"列表框中选择"CLOKC_VOTGAGE"选项,将其放置到电路工作区,双击该元器件,打开属性对话框,设置频率为 2 kHz,占空比为 50%,电压为 5 V,单击"OK"按钮,在电路工作区放置一个"GROUND"(模拟地)。从基本元件库调出一个 10 kΩ 的电阻和一个 4 000 pF 的电容,将其放置到电路工作区的合适位置。按要求连接各元件,建立图 3-5-1 所示的一阶 *RC* 充、放电仿真电路。

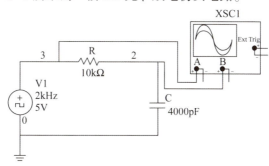

图 3-5-1 一阶 *RC* 充、放电仿真电路

开始仿真,双击示波器,打开示波器显示面板,设置示波器的时间灵敏度和通道电压灵敏度,示波器显示输入方波信号和电容电压响应曲线,如图 3-5-2 所示。

由电容响应曲线和零状态响应曲线测得,当 $u_C = 0.632 U_{max}$ 的时间 t,即电路时间常数 $\tau = 41.7\ \mu s$,测量结果与理论计算值 40 μs 接近(存在仿真误差)。

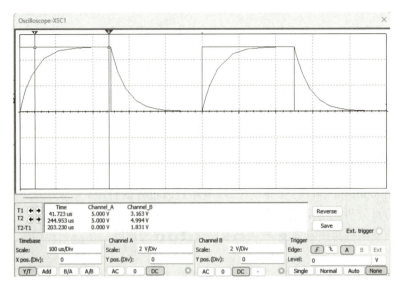

图 3-5-2　输入方波信号和电容电压响应曲线

2. 一阶 RC 电路电容电压响应曲线的仿真分析

下面分析图 3-5-1 所示电路中电容值变化对电路响应曲线的影响，应使用参数扫描分析。该电路参数扫描分析的各项设置如下。

设置 "Analysis parameters" 选项卡的各项。设置 "Sweep parameter" 为 "Device parameter"，"Device type" 为 "Capacitor"，"Name" 为 "C"，"Parameter" 为 "capacitance"，"Sweep variation type" 为 "Linear"（线性），"Start" 为 2 nF，"Stop" 为 20 nF，"Number of points"（扫描点数）为 4，"Increment" 为 6 nF。"Analysis to sweep" 为 "Transient"（瞬态分析）。勾选 "Group all traces on one plot" 复选框，选择 "Display results on a graph" 选项，同时在 "Output" 选项卡中选取变量 "V2" 作为要分析的变量，单击 "Add" 按钮，单击下方的 "Save" 按钮，保存该设置。运行参数扫描分析，获得图 3-5-3 所示一阶 RC 电路电容电压响应曲线。

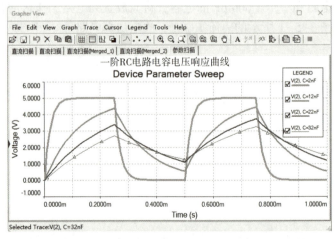

图 3-5-3　一阶 RC 电路电容电压响应曲线

由图中的各条响应曲线可以看出，电容越大，过渡过程越缓慢，在一个方波周期 T 内，电容充电放电都不完整。当 $RC \gg T/2$ 时，电容响应波形变换为三角波。

3. 一阶 *RC* 电路电阻电压响应曲线的仿真分析

仿真电路如图 3-5-4 所示。时钟电压源频率设为 2 kHz，占空比设为 50%，电压设为 5 V。开始仿真，双击示波器，可获得响应 u_R 的波形，如图 3-5-5 所示。

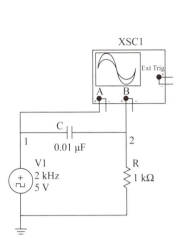

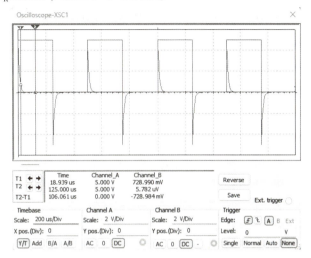

图 3-5-4　仿真电路　　　　　图 3-5-5　一阶 *RC* 电路电阻电压响应波形

分析电路中增减电阻 *R* 的值对电压响应曲线的影响。采用参数扫描分析，设置"Analysis parameters"选项卡的各项。设置"Sweep parameter"为"Device parameter"，"Device type"为"Resistor"，"Name"为"R"，"Parameter"为"resistance"，"Sweep variation type"为"Linear"，"Start"为 1k，"Stop"为 13 kΩ，"Number of points"为 4，"Increment"为 4 kΩ。"Analysis to sweep"为"Transient"。勾选"Group all traces on one plot"复选框，选择"Display results on a graph"单选按钮，同时在"Output"选项卡中选取变量"V2"作为要分析的变量。通过分析可获得图 3-5-6 一阶 *RC* 电路电阻电压响应曲线。可见，*R* 的参数越小，电阻电压 u_R 波形越接近尖脉冲，*R* 增大，则电阻电压 u_R 波形衰减变慢。

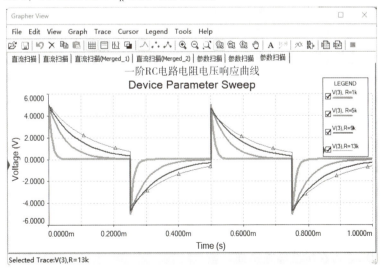

图 3-5-6　一阶 *RC* 电路电阻电压响应曲线

4. 二阶 *RLC* 串联电路响应波形的仿真分析

（1）用示波器观察二阶电路电容电压响应波形。

二阶 *RLC* 串联电路仿真电路如图 3-5-7 所示，设置时钟电压源输出方波频率 $f=1$ kHz，占空比为 50%，电压为 2 V。二阶 *RLC* 串联电路的参数：$R=300$ Ω，$L=30$ mH，$C=0.01$ μF，$R_1=1$ Ω（用于电流采样）。

接好示波器，开始仿真，双击示波器，打开示波器显示面板，可观察到二阶 *RLC* 串联电路电容电压响应波形，如图 3-5-8 所示，为衰减振荡过程。

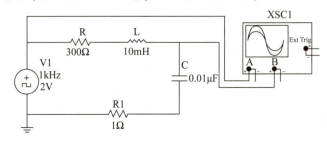

图 3-5-7　二阶 *RLC* 串联电路仿真电路

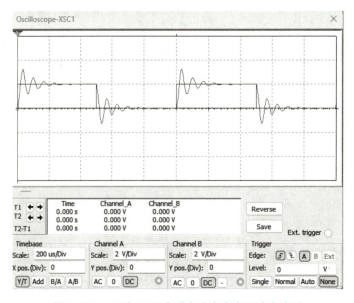

图 3-5-8　二阶 *RLC* 串联电路电容电压响应波形

（2）用示波器观察二阶 *RLC* 串联电路电流响应波形。

按图 3-5-9 所示接好示波器，开始仿真，双击示波器，设置示波器 A、B 两通道电压灵敏度（Scale）分别为 1 V/Div、1 mV/Div。可在示波器显示面板上观察到二阶电路电流响应波形，如图 3-5-10 所示。

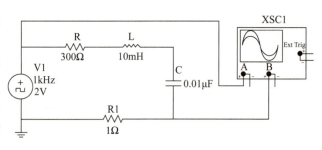

图 3-5-9　二阶 *RLC* 串联电路仿真电路

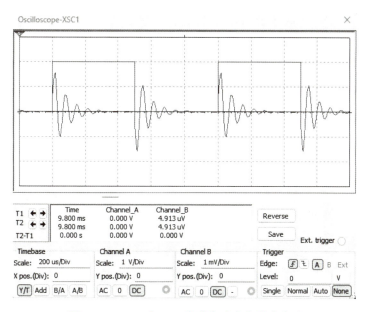

图 3-5-10　二阶 *RLC* 串联电路电流响应波形

（3）研究电阻参数变化对响应波形的影响。采用参数扫描分析的瞬态分析，仿真分析不同电阻阻值时的图 3-5-9 所示 *RLC* 串联电路的电压、电流响应波形的变化。

设置"Analysis parameters"选项卡的各项。设置"Sweep parameter"为"Device parameter"，"Device type"为"Resistor"，"Name"为"R"，"Parameter"为"resistance"。"Sweep variation type"为"Linear"，"Start"为 300 Ω，"Stop"为 3 300 Ω，"Number of points"为 4，"Increment"为 1 kΩ。"Analysis to sweep"为"Transient"。勾选"Group all traces on one plot"复选框，选择"Display results on a graph"单选按钮。

在"Output"选项卡中选取变量"V2"作为要分析的变量，可获得不同阻值时二阶 *RLC* 串联电路电容电压响应曲线，如图 3-5-11 所示。

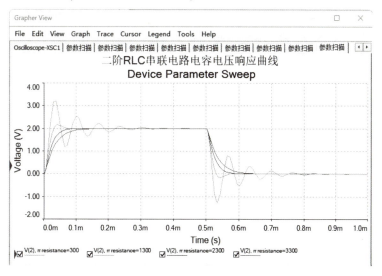

图 3-5-11　不同阻值时二阶 *RLC* 串联电路电容电压响应曲线

在"Output"选项卡中选取变量"V4"作为要分析的变量，可获得不同阻值时二阶 RLC 串联电路电流响应曲线，如图 3-5-12 所示。

由仿真结果可知，当 $R=300\ \Omega$、$R=1\ 300\ \Omega$ 时，电路的电压、电流响应呈现为衰减振荡过程；当 $R=2\ 300\ \Omega$、$R=3\ 300\ \Omega$ 时，电路的电压、电流响应呈现为非振荡情形。

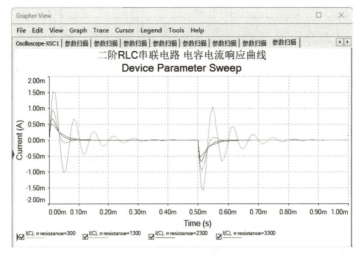

图 3-5-12　不同阻值时二阶 RLC 串联电路电流响应曲线

四、实验总结

（1）由一阶 RC 电路响应曲线测量电路的时间常数 τ 的值。
（2）绘制一阶电路响应波形，分析并归纳一阶电路的电路参数变化对响应波形的影响。
（3）绘制二阶电路响应波形，分析并归纳二阶电路的参数变化对过渡过程的影响。

3.6　正弦稳态电路的仿真研究

一、实验目的

（1）加深对正弦交流电路中阻抗、相位差等概念的理解。
（2）通过仿真实验，加深对提高功率因数意义的理解。
（3）进一步提高对仿真软件的应用能力。

二、实验原理与说明

实验原理与说明可参考 2.7 节（交流电路等效参数的测量）、2.8 节（日光灯电路及其功率因数的提高)的相关描述。

三、仿真内容与步骤

1. RC 串联电路电压三角形测量

启动 Multisim 14，在电路工作区建立图 3-6-1 所示仿真电路。双击虚拟白炽灯，打开属性对话框，设置灯光的额定电压为 220 V，功率为 25 W。双击"AC_POWER"，打开属性对话框，设置交流电压源的"Voltage(RMS)"(电压有效值)为 220 V，"Frequency"(频率)为 50 Hz，"Phase"(相位)为 0°。双击电压表，在属性对话框中设置电压表为交流模式。

单击"Run"按钮，开始仿真，可得到电源电压、灯泡电压和电容电压值，将数据记入表 3-6-1 中。根据仿真数据，计算电源电压与电流之间的相位差 φ，将数据记入表 3-6-1 中。

改用两只白炽灯并联，重复上述仿真过程。

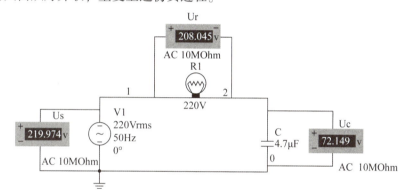

图 3-6-1　RC 串联仿真电路

表 3-6-1　RC 电路电压三角形关系数据

白炽灯情况	$U_S(V)$	$U_R(V)$	$U_C(V)$	计算 φ
一只白炽灯				
两只白炽灯并联				

2. 功率因数的提高

启动 Multisim 14，在电路工作区建立图 3-6-2(a)所示的仿真电路。电容为 10 μF 可变电容，双击电容，打开属性对话框，在"Value"选项卡中设置"Key"(按键)为 A，"Increment"为 10%。设置交流电压源(AC_POWER)的"Voltage(RMS)"(电压有效值)为220 V，"Frequency"(频率)为 50 Hz，"Phase"(相位)为 0°。依次双击 3 个万用表，在弹出的面板中，将 3 个万用表都设为测量交流电流，如图 3-6-2(b)所示。

单击"Run"按钮，开始仿真。双击电路中的功率表及 3 个万用表，可测得电路中各支路电流、电路的功率、功率因数。按 A 键，增大可变电容值(增量为 10%，即增加 1 μF)，按 Shift+A 组合键，减小可变电容值 10%。按表 3-6-2 所列数值改变电容，读取各支路电流、电路的功率、功率因数，将数据记入表 3-6-2 中。

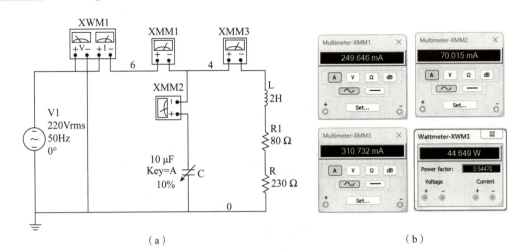

（a）　　　　　　　　　　　（b）

图 3-6-2　感性负载电路的功率因数提高仿真

表 3-6-2　感性负载电路功率因数与并联电容之间的关系数据表

并联电容 $C(\mu\text{F})$	0	1	2	3	4	5	6	7	8	9	10
$I(\text{A})$											
$I_L(\text{A})$											
$I_C(\text{A})$											
$P(\text{W})$											
$\cos\varphi$											

四、实验总结

（1）根据实验内容 1 的数据，画出电压三角形相量图，验证基尔霍夫电压定律的相量形式。

（2）根据实验内容 2 的数据，绘出 $C = 1\mu\text{F}$ 时的电流相量图，验证基尔霍夫电流定律的相量形式。

（3）总结各支路电流、电路端口功率及功率因数 $\cos\varphi$ 随并联电容 C 变化的规律。

（4）讨论并联电容提高电路功率因数的意义。

3.7　谐振电路的仿真研究

一、实验目的

（1）学习并掌握用 Multisim 14 的波特图示仪与参数分析方法研究谐振电路的频率特性。

（2）加深对电路发生谐振的条件和特点的理解。

二、实验原理与说明

1. 串联谐振

串联谐振的实验原理可参考 2.9 节(串联谐振电路的研究)的相关描述。

2. 并联谐振

RLC 并联电路如图 3-7-1 所示,若要使电压 $\dot{U}$ 与电流 $\dot{i}$ 同相,

RLC 并联电路产生并联谐振的条件为 $\omega_0 = \dfrac{1}{\sqrt{LC}}$ 或 $f_0 = \dfrac{1}{2\pi\sqrt{LC}}$。

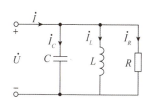

图 3-7-1 RLC 并联电路

在 RLC 并联电路发生谐振时,电压 $\dot{U}$ 与电流 $\dot{i}$ 同相,电路表现为纯电阻,电源只提供有功功率。电感和电容的无功功率完全补偿,不与电源进行能量交换。并联支路中的电容电流 I_C 和电感电流 I_L 相等,其值可能远大于电路的总电流 I,所以并联谐振也被称为电流谐振。

在并联谐振电路中,电感和电容支路产生大电流的能力可以用品质因数来表示。品质因数定义为电容支路电流或电感电流与总电流在谐振点的比值:

$$Q = \frac{I_{L0}}{I} = \frac{I_{C0}}{I} = \frac{R}{\omega_0 L} = \omega_0 RC$$

考虑电感线圈的电阻,实际 LC 并联电路如图 3-7-2 所示,等效导纳为

$$Y = \frac{R}{R^2 + (\omega L)^2} - \mathrm{j}\left(\frac{\omega L}{R^2 + (\omega L)^2} - \omega C\right)$$

若上式等效导纳虚部等于零,则电压 $\dot{U}$ 与电流 $\dot{i}$ 同相,可得谐振角频率为

$$\omega_0 = \sqrt{\frac{1}{LC} - \frac{R^2}{L^2}} = \frac{1}{\sqrt{LC}}\sqrt{1 - \frac{C}{L}R^2}$$

当 $\dfrac{C}{L}R^2 \ll 1$,即 $1 - \dfrac{C}{L}R^2 \approx 1$ 时,则图 3-7-2 所示电路产生并联谐振频率为 $\omega_0 = \dfrac{1}{\sqrt{LC}}$ 或 $f_0 = \dfrac{1}{2\pi\sqrt{LC}}$。实际 LC 并联电路谐振时的相量图如图 3-7-3 所示。

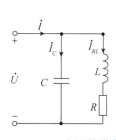

图 3-7-2 LC 实际并联电路

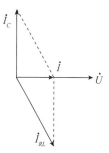

图 3-7-3 LC 实际并联电路谐振时的相量图

三、仿真内容与步骤

1. 观察 *RLC* 串联电路的谐振现象，确定谐振频率 f_0

启动 Multisim 14，在电路工作区创建图 3-7-4所示的 *RLC* 串联谐振电路仿真电路。采用波特图示仪分析 *RLC* 串联电路频率特性，函数信号发生器 XFG1 无须设置参数。

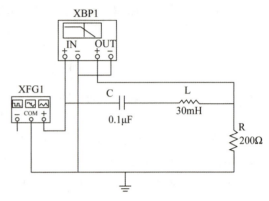

单击仿真工具栏中的"Run"按钮，开始仿真分析。双击波特图示仪 XBP1，打开波特图示仪显示面板，单击"Set"按钮，在弹出的对话框中设置波特图示仪的扫描分辨率为 1 000。在显示面板上选择"Magnitude"（量级）显示幅频特性曲线，在横向坐标设置区选择对数坐标，设

图 3-7-4　*RLC* 串联谐振电路仿真电路

置坐标初值为 1 kHz，终值为 10 kHz；在纵向坐标设置区选择线性坐标，设置坐标初值为 0，终值为 1，波特图示仪显示的幅频特性曲线如图 3-7-5 所示。

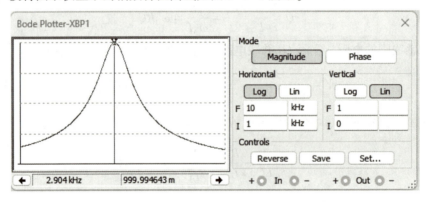

图 3-7-5　波特图示仪显示的幅频特性曲线

下面使用光标找出谐振频率 f_0。右击光标，在弹出的快捷菜单中选择"Go to next Y Max"命令，光标移至幅频特性曲线上 y 轴坐标最大值位置（即谐振频率处），在波特图示仪下方光标的横坐标区可得电路谐振频率 $f_0 = 2.904$ kHz。理论计算电路谐振频率 $f_0 = \dfrac{1}{2\pi\sqrt{LC}} \approx$ 2.905 8 kHz，可见仿真实验结果与理论计算结果非常接近。

使用光标，可获得该电路的下限频率 $f_L = 2.423$ kHz，上限频率 $f_H = 3.485$ kHz，分别如图 3-7-6、图 3-7-7 所示。

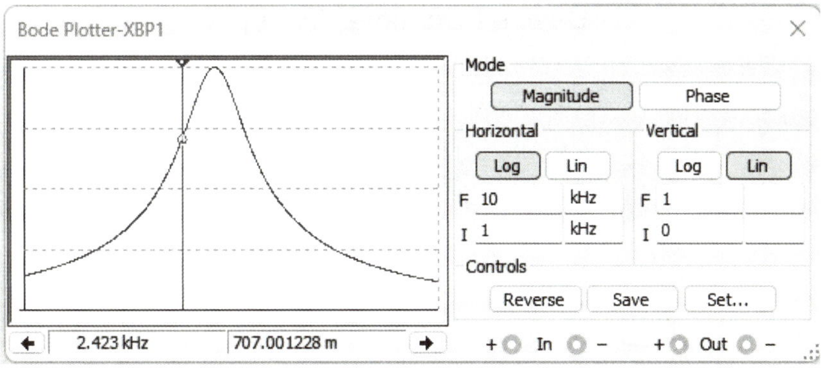

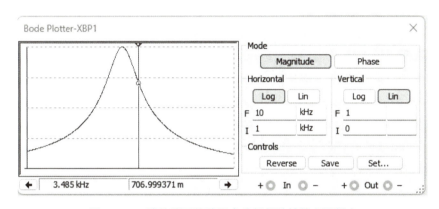

图 3-7-6　波特图示仪读取电路幅频特性的下限频率

图 3-7-7　波特图示仪读取电路幅频特性的上限频率

双击函数信号发生器，设置输出频率为测得的谐振点频率 2.904 kHz，幅值为 1.414 V。用电压表测量电阻 R 两端的电压 U_{R0}、电感电压 U_{L0} 和电容电压 U_{C0} 的值，将数据记入表 3-7-1 中。

改变电阻的阻值，取 $R=1$ kΩ，重复上述仿真实验，将数据记入表 3-7-1 中。

表 3-7-1　RLC 串联电路谐振时的各参数测量数据

$R(\text{k}\Omega)$	$f_0(\text{kHz})$	$U_{R0}(\text{V})$	$U_{L0}(\text{V})$	$U_{C0}(\text{V})$
0.2				
1				

2. 电路参数变化对 RLC 串联电路频率特性曲线的影响

下面分析电路中电阻阻值变化对电路频率特性的影响，选择参数扫描分析法，设置扫描分析类型为"AC Analysis"（交流分析）。在"Analysis parameters"选项卡中设置各项。设置"Sweep parameter"为电阻，"Sweep variation type"为"Linear"，"Start"为 200 Ω，"Stop"为 200 Ω，"Number of points"设置为 2，"Increment"为 800 Ω。"Analysis to sweep"为"AC Analysis"（交流分析）。勾选"Group all traces on one plot"复选框，选择"Display results on a graph"单选按钮，同时在"Output"选项卡中选取要分析的变量，单击"Add"按钮，运行参数扫描分析，获得图 3-7-8 所示的不同阻值时 RLC 串联电路的幅频特性曲线和相频特性曲线。

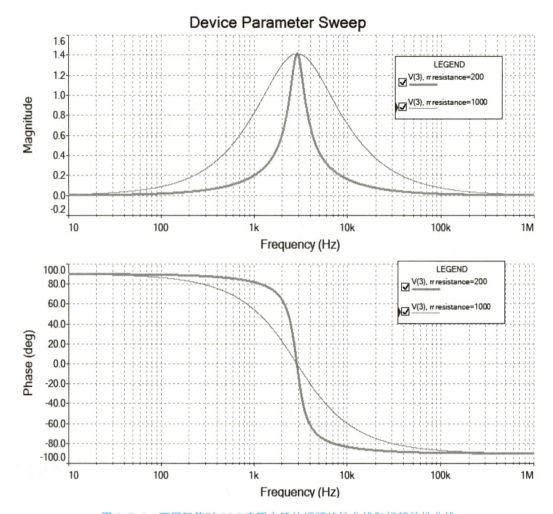

图 3-7-8　不同阻值时 *RLC* 串联电路的幅频特性曲线和相频特性曲线

3. LC 并联谐振电路的仿真分析

启动 Multisim 14，在工作电路区建立图 3-7-9 所示的并联谐振仿真电路。在虚拟仪器仪表工具栏中选择函数信号发生器和波特图示仪，按图接好线路。

开始仿真，双击波特图示仪，按图 3-7-10 所示设置波特图示仪的各项参数，可得图 3-7-10所示并联谐振电路的幅频特性曲线。

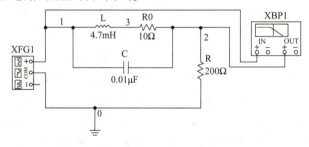

图 3-7-9　并联谐振仿真电路

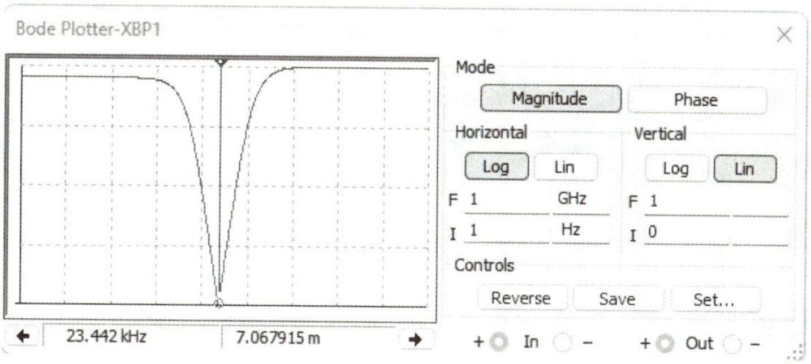

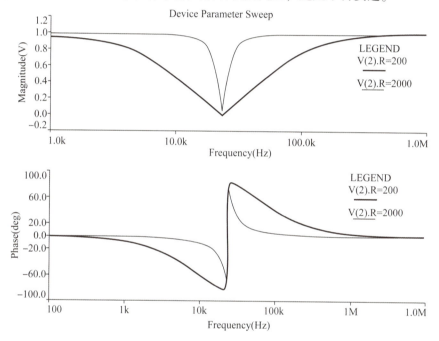

图 3-7-10　波特图示仪显示并联谐振电路的幅频特性曲线

使用参数扫描分析，可获得 $R=200\ \Omega$、$R=2\ \text{k}\Omega$ 时并联谐振电路的幅频特性曲线和相频特性曲线，如图 3-7-11 所示。参数扫描的各种设置同上，此处不再赘述。

图 3-7-11　不同阻值时并联谐振电路的幅频特性曲线和相频特性曲线

四、实验总结

（1）根据实验测量数据，计算 RLC 串联电路的品质因数和通频带。

（2）在同一坐标系中绘出 $R=200\ \Omega$、$R=1\ \text{k}\Omega$ 时 RLC 串联电路的幅频特性曲线。

（3）总结并归纳电阻阻值变化对谐振电路频率特性的影响，写出相应结论。

3.8 三相电路的仿真研究

一、实验目的

(1)利用仿真软件测量三相电路中的相电压和线电压、相电流和线电流的关系。

(2)掌握三相电路的功率的测量方法。

(3)通过仿真实验,加深理解三相四线制供电系统中中线的作用。

二、实验原理与说明

实验原理与说明可参考 2.12 节(三相电路电压电流的测量)和 2.13 节(三相电路功率的测量方法研究)的相关描述。

三、仿真内容与步骤

1. 简单相序指示器电路的仿真

在三相电路的实际应用中,有时需要能正确判断三相电源的相序。

启动 Multisim 14,在电路工作区建立图 3-8-1 所示的相序指示器仿真电路,设置三相对称电源相电压为 130 V/50 Hz,虚拟白炽灯额定电压为 220 V,功率为 25 W,电压表为交流模式。

开始仿真,可见两个白炽灯亮度明显不同。由电压表显示的各项电压值可见,三相负载相电压不平衡,三相负载与三相电源的中性点间的电压为 90 V。

2. 三相电路电压、电流的测量

(1)启动 Multisim 14,在电路工作区建立图 3-8-2 所示的三相负载星形连接的电压、电流测量仿真电

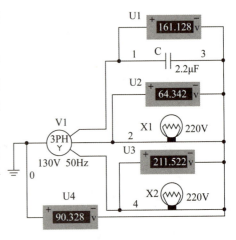

图 3-8-1 相序指示器仿真电路

路。三相负载的白炽灯泡为虚拟白炽灯,将功率和电压分别设置为 25 W、220 V,三相对称电源相电压设置为 127 V/50 Hz,电压表、交流电流表均设置为交流模式。

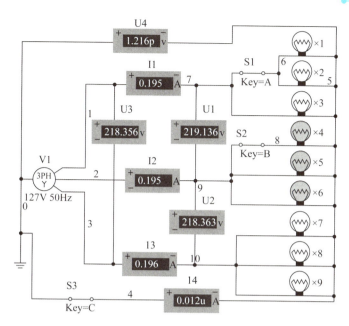

图 3-8-2   三相负载星形连接的电压、电流测量仿真电路

开始仿真，按 A、B、C 键，闭合开关 S1～S3，形成三相对称星形有中线连接。分别测量三相负载的线电流、线电压、相电压、中线电流、电源与负载中性点的电压，将数据记入表 3-8-1 中。

按 C 键，断开开关 S3，其他开关闭合，形成对称三相负载星形无中线连接。分别测量三相负载的线电流、线电压、相电压、电源与负载中性点的电压，将数据记入表 3-8-1 中。

按 A、B 键，断开开关 S1、S2，按 C 键，闭合开关 S3，形成不对称三相负载星形有中线连接。分别测量三相负载的线电流、线电压、相电压、中线电流、电源与负载中性点的电压，将数据记入表 3-8-1 中。

按 A、B、C 键，闭合开关 S1、S2，断开开关 S3，形成不对称三相负载星形无中线连接。分别测量三相负载的线电流、线电压、相电压、电源与负载中性点的电压，将数据记入表 3-8-1 中。

表 3-8-1   三相负载星形连接的电压电流测量数据

负载情况	开灯盏数			线电流（A）			线电压（V）			相电压（V）			中线电流（A）	中性点电压（V）
	A	B	C	I_A	I_B	I_C	U_{AB}	U_{BC}	U_{CA}	U_A	U_B	U_C	I_O	$U_{NN'}$
对称星形有中线	3	3	3											
对称星形无中线	3	3	3											
不对称星形有中线	1	2	3											
不对称星形无中线	1	2	3											

（2）在 Multisim 14 中新建一个窗口，在电路工作区创建图 3-8-3 所示的负载三角形连接仿真电路。三相负载选虚拟白炽灯，将额定功率和电压分别设置为 25 W、220 V，三相对称电源相电压设置为 127 V/50 Hz，交流电压表、交流电流表均设置为交流模式。

开始仿真，按 B 键闭合开关 S1、S2，负载为对称三相三角形连接。分别测量三相负载的线电流、相电流、相电压，将数据记入表 3-8-2 中。

按 B 键断开开关 S1、S2，负载为不对称三相三角形连接。分别测量三相负载的线电流、相电流、相电压，将仿真数据记入表 3-8-2 中。

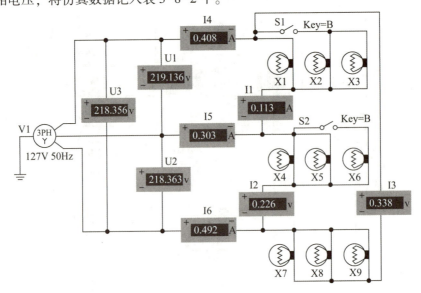

图 3-8-3　负载三角形连接仿真电路

表 3-8-2　三相负载三角形连接的电压电流测量数据

负载情况	开灯盏数			线电流（A）			相电流（A）			相电压（V）		
	A-B	B-C	C-A	I_A	I_B	I_C	I_{AB}	I_{BC}	U_{CA}	U_{AB}	U_{BC}	U_{CA}
对称三角形	3	3	3									
不对称三角形	1	2	3									

2. 三相电路有功功率的测量

（1）三相负载星形连接。

在 Multisim 14 中创建图 3-8-4 所示的负载星形连接三瓦法测功率仿真电路。设置三相负载的白炽灯泡均为 25 W/220 V，三相对称电源相电压为 127 V/50 Hz，用三瓦法测量三相电路功率。

开始仿真，按 A、B、C 键，闭合开关 S1、S2、S3，形成三相对称星形有中线连接，双击功率表，读取功率表读数，将数据记入表 3-8-3 中。

按 C 键，断开开关 S3（S1、S2 仍闭合），形成对称三相负载星形无中线连接，读取各功率表的读数，将数据记入表 3-8-3 中。

按 C 键，闭合开关 S3，按 A、B 键，断开开关 S1、S2，形成不对称三相负载星形有中线连接，读取各功率表的读数，将数据记入表 3-8-3 中。

按 C 键，断开开关 S3，形成不对称三相负载星形无中线连接，读取各功率表读数，将数据记入表 3-8-3 中。

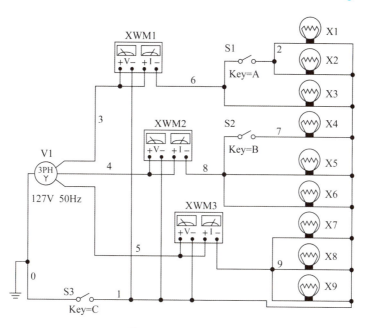

图 3-8-4 负载星形连接三瓦法测功率仿真电路

用二瓦法测量三相电路功率，仿真电路如图 3-8-5 所示。实验参数：三相负载的白炽灯泡均为 25 W/220 V，三相对称电压源相电压为 127 V/50 Hz。

按仿真运行按钮，启动仿真分析。按 A、B 键，闭合开关 S1、S2，形成对称三相负载星形无中线连接。双击功率表图标，读取两功率表的读数，数据记入表 3-8-3 中。

按 A、B 键，断开开关 S1、S2，形成不对称三相负载星形无中线连接，读取各功率表的读数，数据记入表 3-8-3 中。

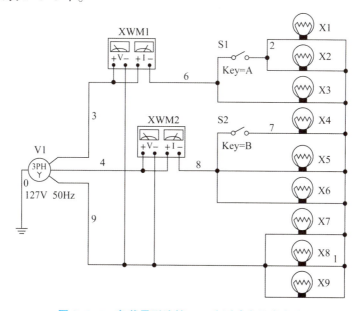

图 3-8-5 负载星形连接二瓦法测功率仿真电路

表 3-8-3　三相负载星形连接的功率测量数据

负载情况	开灯盏数			三瓦法（W）				二瓦法（W）		
	A	B	C	P_A	P_B	P_C	P	P_1	P_2	$\sum P$
对称星形有中线	3	3	3							
对称星形无中线	3	3	3							
不对称星形有中线	1	2	3							
不对称星形无中线	1	2	3							

（2）三相负载三角形连接。

在 Multisim 14 中新建一个窗口，在电路工作区创建图 3-8-6 所示的负载三角形连接二瓦法测功率仿真电路。设置三相负载灯泡为 25 W/220 V，三相对称电源相电压为 127 V/50 Hz。

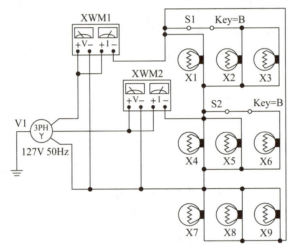

图 3-8-6　负载三角形连接二瓦法测功率仿真电路

开始仿真，按 B 键，闭合开关 S1、S2，负载为对称三相三角形连接，双击功率表，读取两功率表读数，将数据记入表 3-8-4 中。

按 B 键，断开开关 S1、S2，负载为不对称三相三角形连接。读取两功率表读数，将数据记入表 3-8-4 中。

表 3-8-4　负载三角形连接时功率测量数据

负载情况	开灯盏数			二瓦法（W）		P（W）
	A-B	B-C	C-A	P_1	P_2	P_1+P_2
对称三角形	3	3	3			
不对称三角形	1	2	3			

3. 三相对称负载的无功功率的测量

在 Multisim 14 中创建图 3-8-7 所示的一瓦法测三相对称负载的无功功率仿真电路。设置 $C_1=C_2=C_3=4.7$ μF，三相对称电源相电压设为 220 V/50 Hz。电压表、电流表设为交流模式。

开始仿真，待电路稳定后，读取各电压表、电流表和功率表的读数，将数据记入表 3-8-5中。

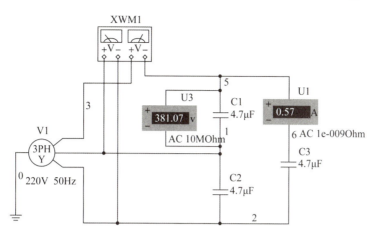

图 3-8-7　一瓦法测三相对称负载的无功功率仿真电路

表 3-8-5　三相对称负载的无功功率测量数据

负载情况	$U_相$（V）	$I_相$（A）	功率表读数 Q（Var）	$\Sigma Q = \sqrt{3}\,Q$（Var）
对称三角形（每相 $C=4.7\ \mu F$）				

四、实验总结

（1）由实验内容测量数据验证星形连接负载中线电压和相电压的关系。

（2）由实验内容测量数据验证三角形连接负载中线电流和相电流的关系。

（3）根据实验内容中的功率测量数据，分析和总结测量三相电路功率的方法和结果。

第 4 章　综合设计性实验

📓 **4.1　正弦信号发生器的设计与测试**

一、实验目的 》》

（1）学习和了解 RC 桥式正弦波振荡器的工作原理和调测技术。

（2）加深对 RC 串并联电路选频特性及其实际应用的认识。

（3）培养综合运用电路理论知识和设计电路的能力。

二、设计原理 》》

正弦波振荡器是一种不需要外加激励信号就能自动将直流电能转换成交流电能的电路，它能产生一定频率和幅值的正弦波信号。根据选频网络的不同，常见的有 RC 正弦波振荡电路、LC 正弦波振荡电路和石英晶体振荡电路。在 200 kHz 以下多采用 RC 正弦波振荡电路。图 4-1-1 所示为 RC 桥式正弦波振荡器，由放大电路、正反馈网络、选频网络和稳幅环节 4 个部分组成。

RC 串并联选频网络在正弦波振荡电路中作为选频网络，又作为正反馈电路，其输入电压为 $\dot{U}_0$，输出电压为 $\dot{U}_f$，正反馈网络函数为

$$F(\mathrm{j}\omega) = \frac{\dot{U}_f}{\dot{U}_0} = \frac{1}{3 + \mathrm{j}\left(\omega RC - \dfrac{1}{\omega RC}\right)}$$

令 $\omega = \omega_0 = \dfrac{1}{RC}$，其幅频特性和相频特性表达式为

$$|F(\mathrm{j}\omega)| = \frac{1}{\sqrt{9 + \left(\dfrac{\omega}{\omega_0} - \dfrac{\omega_0}{\omega}\right)^2}}$$

$$\varphi_F(\omega) = -\arctan\frac{1}{3}\left(\frac{\omega}{\omega_0} - \frac{\omega_0}{\omega}\right)$$

RC 串并联选频网络频率特性如图 4-1-2 所示。由幅频特性曲线可知，当 $\omega = \omega_0 = \dfrac{1}{RC}$，

即 $f = f_0 = \dfrac{1}{2\pi RC}$ 时，正反馈网络函数幅值出现最大值，$|F|_{max} = \dfrac{1}{3}$，相移 $\varphi_F = 0$。

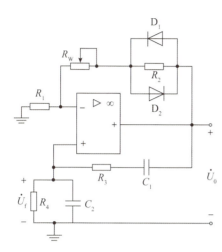

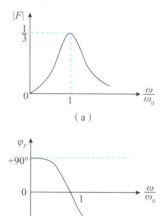

图 4-1-1　RC 桥式正弦波振荡电路

图 4-1-2　RC 串并联选频网络频率特性
（a）幅频特性曲线；（b）相频特性曲线

电路的振荡频率由相位平衡条件决定。当 $f = f_0 = \dfrac{1}{2\pi RC}$ 时，$|F|_{max} = \dfrac{1}{3}$，$\varphi_F = 0$。因此当要产生频率为 f_0 的正弦波时，根据振荡平衡条件 $A_V|F| = 1$ 和 $\varphi_F + \varphi_A = 2n\pi$ 可知，放大电路的放大倍数 $A_V = 3$，$\varphi_A = 0$。为保证电路能够起振，一般 A_V 应略大于 3。在图 4-1-1 所示的电路中，同相比例放大电路的放大倍数 $A_V = 1 + \dfrac{R_W + R_2}{R_1} \geqslant 3$，故 $R_W + R_2 \geqslant 2$。电路中电位器 R_W 和电阻 R_1、R_2 组成电压串联负反馈电路，调节 R_W 的大小即可改变负反馈的强弱。若负反馈太强，放大器的放大倍数小于 3，则不能维持振荡；若负反馈太弱，放大器的放大倍数过大，会引起波形失真。

由于 $\dot{U}_0$ 和 $\dot{U}_f$ 具有良好的线性关系，为了稳定输出电压幅值，在负反馈电路中加入了非线性元件来自动调节负反馈量。图 4-1-1 所示电路的负反馈支路在电阻 R_2 的两端并联了两个二极管 D_1 和 D_2，以实现自动稳幅的作用。当输入电压超过二极管的导通电压时，两个二极管在输入信号的正负半周轮流导通，将电阻 R_2 短路，使得同相比例运算放大电路中的放大倍数 A_V 下降，从而达到稳幅的目的。

三、设计要求

（1）设计一个 RC 桥式正弦波振荡电路，产生频率为 1 kHz、幅值为 1 V 的正弦波信号。
（2）拟出设计方案，画出设计电路，理论计算振荡电路各个元器件的参数值。

(3)对所设计的电路进行仿真分析，确定元件参数，画出仿真电路图，记录仿真结果。

(4)根据设计的电路确定元器件，进行搭接线路、安装、测试等硬件操作。利用示波器观察电路产生的正弦波，测量正弦波的频率和峰值，绘制波形。

四、实验注意事项

(1)运算放大器的正负电源极性不要接反，不要将输出端短路，否则会损坏芯片。

(2)每次换接外部元器件时，必须事先断开供电电源。

(3)用示波器观察波形时，要考虑接地点的选择。

五、实验报告要求

(1)综述 RC 正弦波振荡电路设计原理。

(2)绘制 RC 桥式正弦波振荡电路设计图，计算 RC 桥式正弦波振荡电路各个元器件的参数值，给出具体的计算过程。

(3)绘制仿真电路图，记录仿真过程、仿真结果及结论。

(4)给出 RC 桥式正弦波振荡电路硬件实物图，整理实测数据和波形。将实测数据与理论计算相比较，进行误差分析。

(5)对设计调试过程中遇到的问题和现象进行分析讨论，总结实验收获与体会。

4.2　方波信号的分解与合成

一、实验目的

(1)掌握非正弦周期信号各次谐波分解与合成的原理。

(2)研究二阶带通滤波器的选频特性。

(3)加深对非正弦周期信号的谐波分析及信号合成的理解。

(4)培养综合运用电路理论知识的能力及设计电路的能力。

二、设计原理

在电气工程、自动控制、通信工程等领域广泛存在周期性非正弦电压、电流信号，例如，电力系统发电机发出的电，其电压波形并不是理想的正弦波。当电路中存在非线性元件时，即使电路中的激励波形是正弦波，也会产生非正弦的电压和电流，如通过整流电路，正弦交流电变成了脉动直流电。图 4-2-1 所示为工程上常见的方波信号，利用傅里叶级数，

任何周期性非正弦信号都可以分解为恒定分量、基波分量和各次谐波(基波频率的整数倍)分量,其傅里叶级数展开为

$$f(t) = \frac{4E_m}{\pi}\left[\sin(\omega_1 t) + \frac{1}{3}\sin(3\omega_1 t) + \frac{1}{5}\sin(5\omega_1 t) + \cdots + \frac{1}{k}\sin(k\omega_1 t) + \cdots\right], k \text{ 为奇数}$$

式中,E_m 为方波的幅值;$\omega_1 = 2\pi/T$,ω_1 为基波角频率;T 为方波信号 $f(t)$ 的周期。可以看出,方波信号由奇次谐波构成,各次谐波的初始相位均为 0。将上述谐波组合在一起,便可以近似合成相应的方波,方波信号分解与合成示意图如图4-2-2所示。

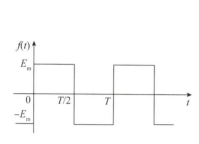

图 4-2-1 方波信号

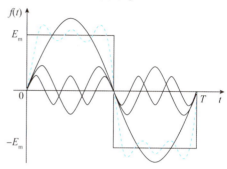

图 4-2-2 方波信号分解与合成示意图

1. 方波信号分解电路实验方案

方案一:利用 RLC 串联选频电路提取谐波。

选用不同的电阻、电感与电容,将其分别组合,形成 3 个不同的简单 RLC 串联电路,并将它们与信号源并联,构成图4-2-3所示信号分解实验电路。利用 RLC 串联电路的选频特性,当信号源为方波电压时,调整各 RLC 串联电路的元件参数,使电路分别在基波、3 次谐波和 5 次谐波处发生谐振,在电阻 R_1、R_2、R_3 上可获得对应谐振频率的近似正弦波。在实验中,经过设计和测试,取各电感线圈的自感值及电阻值相等,即 $L_1 = L_2 = L_3 = L$,$R_1 = R_2 = R_3 = R$,并且要求从左到右 3 个 RLC 串联电路的谐振频率之间满足以下关系

$$\omega_3 = 3\omega_1, \quad \omega_5 = 5\omega_1$$

根据电路原理,可得

$$\omega_1 = \frac{1}{\sqrt{LC_1}}, \quad \omega_3 = \frac{1}{\sqrt{LC_2}}, \quad \omega_5 = \frac{1}{\sqrt{LC_3}}$$

根据上述已知条件可推导出

$$C_2 = \frac{1}{3^2}C_1, \quad C_3 = \frac{1}{5^2}C_1$$

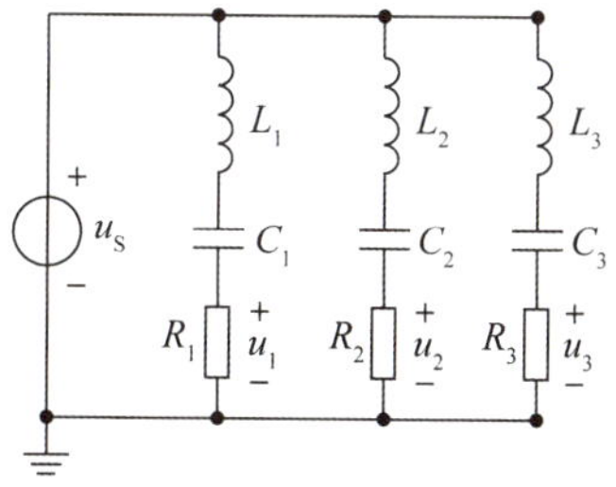

图 4-2-3 信号分解实验电路 1

方案二：设计带通滤波器，实现谐波的提取功能。

由于需要从方波提取某个单一频率的谐波，所以需要设计相应的带通滤波器，并且要求滤波器的通带要足够小。根据滤波器所采用的元器件的类别，可将其分为有源滤波器和无源滤波器。其中，有源滤波器的负载效应不明显，在通带内没有能量的损耗，因此在信号频率不高的场合具有非常广泛的应用。图 4-2-4 所示为二阶有源带通滤波器（信号分解实验电路），主要指标有中心频率 f_0、品质因数 Q、通带增益 H_0。选定电容取 $C_1 = C_2 = C = 10$ nF，按下述公式计算各电阻阻值：

$$R_1 = \frac{Q}{2\pi C H_0}, \quad R_2 = \frac{Q}{2\pi(2Q^2 - H_0)f_0 C}, \quad R_3 = \frac{2Q}{2\pi f_0 C}$$

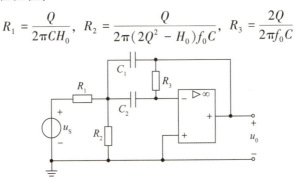

图 4-2-4　信号分解实验电路 2

以提取基波为例，带通滤波器的主要指标可确定，中心频率 $f_0 = 1$ kHz，品质因数 $Q = 10$，通带增益 $H_0 = 1$。取 $C_1 = C_2 = C = 10$ nF，按公式计算得到各电阻阻值 $R_1 = 159.2$ kΩ，$R_2 \approx 798$ Ω，$R_3 \approx 318.3$ kΩ。将 R_1、R_2、R_3 分别取标称值后，可得 $R_1 = 160$ kΩ，$R_2 = 820$ Ω，$R_3 = 330$ kΩ。

2. 各次谐波信号合成实验电路

方波信号通过谐波来提取电路分离出来的谐波，在提取过程中，会导致信号相位的偏移，故需要设计移相电路（移相电路设计见 4.3 节），以原始方波信号的零点时刻作为基准相位，通过移相电路，将基波、3 次谐波和 5 次谐波的相位调整到基准相位。

将基波、3 次谐波和 5 次谐波通过反相比例加法电路实现谐波合成，实验电路如图 4-2-5 所示。先通过反相比例加法电路完成各谐波的叠加，再通过反相电路将谐波合成结果的相位翻转，以得到与原始方波同相位的合成方波信号，从而可以与原方波进行对比观察。

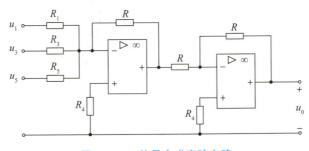

图 4-2-5　信号合成实验电路

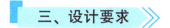

三、设计要求

（1）设计一个信号分解电路，使之能从给定方波信号中分离出基波、3 次谐波和 5 次谐波。方波信号的频率 $f=1$ kHz，电压峰峰值为 2 V。

（2）设计信号合成电路，将基波、3 次谐波和 5 次谐波信号相加，合成近似的方波信号。

（3）画出设计电路，计算元件参数。对电路进行仿真分析，验证所设计电路的合理性。根据仿真结果调整电路参数，使仿真结果满足设计要求。

（4）根据设计的电路确定元器件，进行搭接线路、安装、测试等硬件操作。

（5）将合成的信号与原始方波信号进行比较，分析产生误差的原因，研究相应的改进方法。

四、实验注意事项

（1）集成运算放大器的正负电源极性不要接反，不要将输出端短路，否则会损坏芯片。

（2）实验过程中，当更改电路时，必须事先断开供电电源。

五、实验报告要求

（1）综述方波分解与合成电路设计原理。

（2）绘制设计电路图，计算设计电路中各个元器件的参数。

（3）绘制仿真电路图，记录仿真过程、仿真结果及结论。

（4）给出实验电路硬件实物图，记录实验测量数据，绘制基波、3 次谐波和 5 次谐波波形，绘制合成波波形，并进行误差分析。

（5）对设计调试过程中所遇到的问题和现象进行分析讨论，总结实验收获与体会。

4.3 RC 移相电路的设计与测试

一、实验目的

（1）学习移相电路的工作原理和设计方法。

（2）掌握移相电路的参数计算方法。

（3）培养综合运用电路理论知识的能力及工程实践能力。

二、设计原理

移相电路是能够对信号的相位进行调整的一种电路，在正弦激励信号的作用下，可以输出一定幅值、输出电压相对于输入电压的相位差在一定范围内连续可调的信号。利用移相的原理，可以制作校验各种有关相位的仪器仪表、继电保护装置的信号源，移相电路有着广泛的实用价值。RC 移相电路在电工电子技术中的应用十分广泛。

现有图 4-3-1(a)所示的 RC 串联移相电路，其传递函数为

$$H(\mathrm{j}\omega) = \frac{\dot{U}_2}{\dot{U}_1} = \frac{\mathrm{j}\omega RC}{1 + \mathrm{j}\omega RC} = \frac{\omega RC}{\sqrt{1 + (\omega RC)^2}} \underline{/ -\arctan(\omega RC)}$$

由上式可得，移相电路的增益 $|H(\mathrm{j}\omega)| = \dfrac{U_2}{U_1} = \dfrac{1}{\sqrt{1 + (\omega RC)^2}}$，相移 $\varphi = -\arctan(\omega RC)$，

当信号源频率一定时，增益 $|H(\mathrm{j}\omega)|$ 与相移 φ 均随电路元件参数的变化而不同，则可以通过调整 RC 值，使得移相电路的相位 φ 在 $-90° \sim 0°$ 之间调整。若 C 取定值，当 R 从 0 向 ∞ 变化时，相移 φ 从 0° 向 $-90°$ 变化。

另一种 RC 串联移相电路如图 4-3-1(b)所示，电路的传递函数为

$$H(\mathrm{j}\omega) = \frac{\dot{U}_2}{\dot{U}_1} = \frac{\mathrm{j}\omega RC}{1 + \mathrm{j}\omega RC} = \frac{\omega RC}{\sqrt{1 + (\omega RC)^2}} \underline{/ 90° - \arctan(\omega RC)}$$

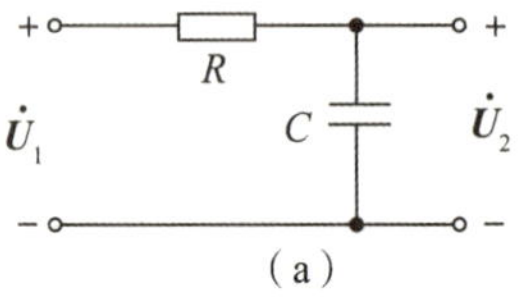

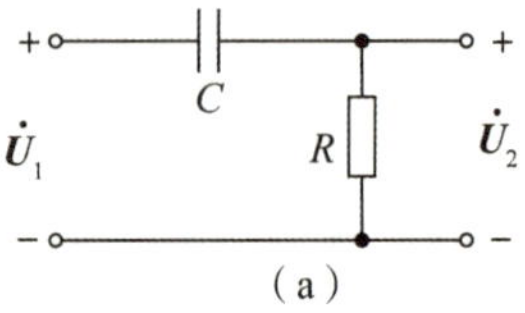

图 4-3-1 RC 串联移相电路

其中，移相电路的增益 $|H(\mathrm{j}\omega)| = \dfrac{U_2}{U_1} = \dfrac{\omega RC}{\sqrt{1 + (\omega RC)^2}}$，相移 $\varphi = 90° - \arctan(\omega RC)$。

同理可见，当信号源频率一定时，移相电路增益 $|H(\mathrm{j}\omega)|$ 与相移 φ 均随电路元件参数的变化而不同。可以通过调整 RC 值，使得移相电路的相移在 $0° \sim 90°$ 之间调整。若 C 取定值，当 R 从 0 向 ∞ 变化时，相移 φ 从 90° 向 0° 变化。

RC 串联移相电路增益小于 1，输出电压有效值小于输入电压的有效值。当希望得到输出电压的有效值和输入电压的有效值相等，而输出电压相对于输入电压又有一定的相移时，可以采用图 4-3-2 所示 RC 移相电路(等幅)来实现，电路的传递函数为

$$H(\mathrm{j}\omega) = \frac{\dot{U}_2}{\dot{U}_1} = \frac{\dfrac{1}{\mathrm{j}\omega C}}{R + \dfrac{1}{\mathrm{j}\omega C}} - \frac{R}{R + \dfrac{1}{\mathrm{j}\omega C}} = \frac{1 - \mathrm{j}\omega CR}{1 + \mathrm{j}\omega CR} = 1 \underline{/ -2\arctan(\omega RC)}$$

由上式可知，移相电路的增益为1，相移 $\varphi = -2\arctan(\omega RC)$，说明此移相电路的输出电压和输入电压大小相等。而当信号源频率一定时，电路的相移 φ 随电路元件参数的变化而不同。若 C 取定值，当 R 从 0 向 ∞ 变化时，相移 φ 从 0° 向 −180° 变化。

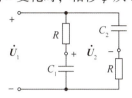

图 4-3-2　*RC* 移相电路(等幅)

可以将 RC 移相电路与运算放大器结合，构成 RC 有源移相电路，如图 4-3-3 所示。运算放大器同相输入端电压为

$$\dot{U}^{+} = \frac{1}{1 + \mathrm{j}\omega CR}\dot{U}_{1}$$

反相输入端电压

$$\dot{U}^{-} = \frac{R_2}{R_1 + R_2}(\dot{U}_1 - \dot{U}_2) + \dot{U}_2$$

由于 $\dot{U}^{+} = \dot{U}^{-}$，可得网络传递函数为

$$H(\mathrm{j}\omega) = \frac{\dot{U}_2}{\dot{U}_1} = \frac{1 - \mathrm{j}k\omega CR}{1 + \mathrm{j}\omega CR} = \frac{\sqrt{1 + (k\omega CR)^2}}{\sqrt{1 + (\omega CR)^2}} \underline{\big/ -\arctan(k\omega RC) - \arctan(\omega RC)}$$

式中，$k = R_2/R_1$。

由上式可知，若取 $R_2 = R_1$，移相电路增益 $|H(\mathrm{j}\omega)|$ 为 1，即输出电压和输入电压大小相等。当信号源频率一定时，电路的相移 φ 随电路元件参数的变化而不同。若 C 取定值，当 R 从 0 向 ∞ 变化时，相移 φ 从 0° 向 −180° 变化。

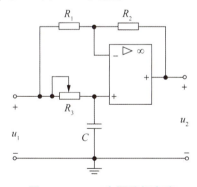

图 4-3-3　*RC* 有源移相电路

同理可推导得出图 4-3-4 所示 RC 有源移相电路的网络传递函数

$$H(\mathrm{j}\omega) = \frac{\dot{U}_2}{\dot{U}_1} = \frac{-k + \mathrm{j}\omega CR}{1 + \mathrm{j}\omega CR} = \frac{\sqrt{k^2 + (\omega CR)^2}}{\sqrt{1 + (\omega CR)^2}} \underline{\big/ 180° - \arctan\left(\frac{\omega RC}{k}\right) - \arctan(\omega RC)}$$

式中，$k = R_2/R_1$。

由上式可得，当信号源频率一定时，电路的相移 φ 随电路元件参数的变化而不同。即

可以通过调整 RC 值，使 RC 移相电路的相移在 $0°$ ～ $180°$ 之间调整。

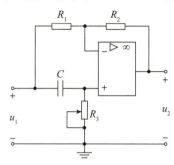

图 4-3-4　RC 移相电路

三、设计要求

（1）设计一个 RC 移相电路，对于给定的正弦输入信号（电压有效值为 1 V，频率 $f=2$ kHz），RC 移相电路输出电压有效值与输入电压有效值相等，输出电压相对于输入电压的相移在 $0°$～$180°$ 范围内连续可调，且输出电压不受后级电路的影响。

（2）画出电路设计图，理论计算 RC 移相电路各个元器件的参数值。

（2）对所设计电路进行仿真，确定元器件参数，画出仿真电路图，记录仿真结果。

（4）根据设计的电路确定元器件，进行搭接线路、安装、测试等硬件操作。

四、实验注意事项

（1）运算放大器的正负电源极性不要接反，不要将输出端短路，否则会损坏芯片。

（2）每次换接外部元件时，必须事先断开供电电源。

（3）测试时，应注意测试仪器、信号源共地。

五、实验报告要求

（1）按照设计要求，绘制 RC 移相电路设计图，根据移相电路增益及相移的要求，设计移相电路各个元器件的参数值，给出具体的计算过程。

（2）绘制仿真电路图，记录仿真过程、仿真结果及结论。

（3）给出 RC 移相电路硬件实物图，整理实测数据和波形。将实测数据与理论计算相比较，进行误差分析。

（4）对设计调试过程中所遇到的问题和现象进行分析讨论，总结实验收获与体会。

4.4 延时电路设计与测试

一、实验目的

（1）掌握一阶 RC 电路充放电的工作原理。

（2）培养综合运用电路理论知识和工程实践的能力。

（3）培养独立设计电路的能力。

二、设计原理

延时电路在日常生活和工农业电气设备控制方面都有广泛应用。实现延时的方法有许多，最常用的是采用一阶 RC 电路连接一个电压比较器来实现。

一阶 RC 电路的零输入响应 $u_C(t) = u_C(0_+)\mathrm{e}^{-t/\tau}$，零状态响应 $u_C(t) = U_m(1 - \mathrm{e}^{-t/\tau})$。零输入响应和零状态响应分别按指数规律衰减和增长，一阶 RC 电路暂态过程如图4-4-1所示，其变化的快慢取决于电路的时间常数 τ。

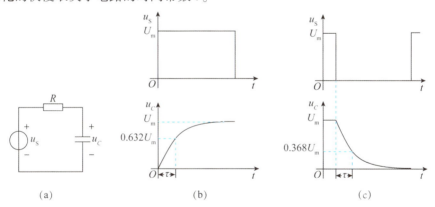

图4-4-1 一阶 RC 电路暂态过程

（a）一阶 RC 电路；（b）零状态响应；（c）零输入响应

运算放大器如果开环应用，或者接正反馈，就构成了电压比较器。当 $u_+ - u_- \geqslant 0$ 时，输出电压 u_o 为高电平；当 $u_+ - u_- \leqslant 0$ 时，输出电压 u_o 为低电平。

图4-4-2所示为一个用 RC 电路和电压比较器构成的延时电路设计参考方案。电路接通电源，在运算放大器同相输入端通过 R_2 和 R_3 对电源 U_{CC} 的分压作为电压比较器阈值电压 U_T，在反相输入端通过 R_1 加电容电压 u_C。当电容初始电压 $u_C(0_+)$ 小于 U_T 时，输出电压 u_o 为高电平。电容经 R_4 充电，电压升高到稍大于 U_T 时，输出电压 u_o 为低电平。R_5 为电压比较器的正反馈电阻，改变阈值电压 U_T 的大小，就可以改变高电平翻转到低电平的延时时间。

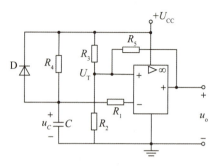

图 4-4-2　*RC* 延时电路设计参考方案

三、设计要求

(1) 设计一个延时电路，要求延时时长为 5~20 s 可调。

(2) 用所设计的延时电路延时点亮或延时熄灭显示灯。

(3) 拟出设计方案，画出设计电路，计算元件参数。

(4) 对所设计的电路进行仿真分析。

(5) 根据设计的电路确定元器件，进行搭接线路、安装、测试等硬件操作。

四、实验注意事项

(1) 运算放大器的正负电源极性不要接反，不要将输出端短路，否则会损坏芯片。

(2) 每次换接外部元器件时，必须事先断开供电电源。

(3) 测试时，应注意测试仪器、信号源共地。

五、实验报告要求

(1) 综述延时电路设计原理。

(2) 绘制延时电路设计图，理论计算元器件的参数值，给出具体的计算过程。

(3) 绘制仿真电路图，记录仿真过程、仿真结果及结论。

(4) 给出延时电路硬件实物图，整理实测数据和波形。将实测数据与理论计算相比较，进行误差分析。

(5) 对设计调试过程中所遇到的问题和现象进行分析讨论，总结实验收获与体会。

第5章

电路实验报告

每个实验结束后都必须撰写实验报告。实验报告每人撰写一份，目的是培养学生对实验数据进行分析、处理和解释的能力、获取合理有效的结论的能力、文字表达能力以及严谨的科学作风。

实验报告是在科学实验基础上完成的，一份完整的实验报告应该包括：实验名称，实验目的，实验仪器设备，实验原理，实验内容及步骤，实验数据记录及结果整理，实验现象及结果的分析讨论，实验的总结、收获和建议，以及实验思考题。

实验报告一般分为两个阶段完成。第一阶段为实验前的预习报告，在实验前完成。预习报告内容包括：实验名称，实验目的，实验仪器设备，实验原理，实验内容及步骤（包含绘制实验电路图、简述实验步骤、列出各步骤测量数据记录表格）。第二阶段，在实验结束后完成，在预习报告后把实验报告补充完整，形成一份合格的实验报告。

实验报告应该按照格式要求撰写，文理通顺、简明扼要、字迹工整、数据和图表齐全、分析合理、结论正确。

为了统一实验报告格式，特此安排了 6 个实验报告，以达到实验报告效率和质量的统一。

为方便使用，6 个实验报告单独以小册子的形式提供。

参 考 文 献

[1]苏向丰，张谦. 电路原理实验指导书［M］. 北京：科学出版社，2018.

[2]周蕾，卢学民，刘晓洁. 电路实验基础与实践［M］. 上海：东华大学出版社，2018.

[3]赵莉，刘子英. 电路实验［M］. 成都：西南交通大学出版社，2018.

[4]张志立，邓海琴，余定鑫. 电路实验与实践教程［M］. 北京：电子工业出版社，2016.

[5]田丽鸿，夏晔，韩磊，等. 电路基础实验与课程设计［M］. 2 版. 南京：南京大学出版社，2018.

[6]吴霞，王燕杰，李弘洋. 电路实践教程［M］. 北京：电子工业出版社，2018.

[7]余佩琼. 电路实验与仿真［M］. 北京：电子工业出版社，2016.

[8]刘东梅. 电路实验教程［M］. 北京：高等教育出版社，2020.